내가 사랑한 수학자들

박형주 교수가 들려주는
인간적인, 너무나 인간적인
수학자 이야기

박형주 지음

내가 사랑한 수학자들

박형주 교수가 들려주는 인간적인, 너무나 인간적인 수학자 이야기

ⓒ 박형주 2017

초판 1쇄	2017년 7월 21일		
초판 3쇄	2020년 9월 3일		

지은이　박형주

출판책임	박성규	펴낸이	이정원
편집주간	선우미정	펴낸곳	도서출판 들녘
디자인진행	김정호	등록일자	1987년 12월 12일
편집	이동하·이수연·김혜민	등록번호	10-156
디자인	한채린		
마케팅	전병우	주소	경기도 파주시 회동길 198
경영지원	김은주·장경선	전화	031-955-7374 (대표)
제작관리	구법모		031-955-7381 (편집)
물류관리	엄철용	팩스	031-955-7393
		이메일	dulnyouk@dulnyouk.co.kr
		홈페이지	www.dulnyouk.co.kr

ISBN	979-11-5925-267-9 (03400)	CIP	2017016548

이 도서의 국립중앙도서관 출판예정도서목록(CIP)은 서지정보유통지원시스템 홈페이지(http://seoji.nl.go.kr)와 국가자료공동목록시스템(http://www.nl.go.kr/kolisnet)에서 이용하실 수 있습니다.

내가 사랑한 수학자들

박형주 교수가 들려주는
인간적인, 너무나 인간적인
수학자 이야기

박형주 지음

푸른들녘

아프리카 케냐에서 마사이족 마을 근처에 머문 적이 있습니다. 호텔에서 일을 돕는 조금 개화한 마사이족 몇 명과 평원에서 염소고기 바비큐 파티를 하기로 한 어느 날 저녁 무렵이었습니다. 구름 모양새가 심상치 않은 게 비가 올 듯한 태세였지요. 주저하는 제게 그중 연장자가 "비는 오지 않을 테니 그냥 나가자"라고 말했습니다.

불안한 마음으로 평원에 나가서 불을 지피는데 아니나 다를까 빗방울이 떨어지기 시작했어요. 야속한 마음으로 짐을 챙기려는데, 그 나이 든 마사이가 "이건 비가 아니야, 바람일 뿐이지" 하고 중얼거렸습니다. 본격적으로 비가 내리기 시작했는데 이런 선문답이라니요!

일단 근처 나무 아래서 비를 피한 지 5분쯤 지났을까요? 이게 웬일입니까, 어느새 비가 그치고 하늘도 청명해진 거예요. 멀리서 내리는 비를 바람이 잠깐 가져온 것일 뿐이라는 그의 말대로, 그날 저녁 평원에는 비는 없고 바람만 있었습니다.

마사이족은 날씨 예보에 탁월한 능력이 있다는 것, 염소고기를 불에 그슬려 구우면 맛있는 요리가 된다는 사실을 저는 그날 알게 되었습니다. 맹수들과 대치하며 사냥을 주업으로 삼는 마사이족들에게는 날씨를 예측하고 준비하는 능력이 사활이 걸릴 만큼 중요해서 그런 것일까요?

마사이족과 같은 기상 예측 능력이 없는 우리에게 현대 수학은 대안을 제공합니다. 20세기 초에 수학적인 방식으로 기상 예측이 가능하다는 이론이 나왔는데요. 기상에 영향을 미치는 여러 변수에 물리학의 법칙을 적용해서 미분 방정식으로 그 관계를 표현할 수 있고, 이 방정식을 풀면 날씨의 변화를 예측할 수 있다는 것이 그 골자입니다. 물론 어렵게 들리지만, 인류 모두에게 바람의 냄새를 맡아 날씨를 예측하는 능력이 허락되지 않는 한, 이런 이론이 있다는 것은 얼마나 다행한 일입니까? 이처럼 역사를 들여다보면, 인류가 처한 문제를 해결하는 과정 중 도처에서 출현하는 수학을 목격할 수 있습니다.

그날 이후 저는 마사이족 학교에도 들렀습니다. 아이들이 좁은 교실에서 수학을 공부하고 있었고, 앞마당엔 원조기구에서 파주었다는 우물이 있었어요. 하루에 백 리쯤은 우습게 걷는 아이들을 보며 교사가 한마디 했습니다. 평원에서 소떼를 몰아야 하는데 쓸데없이 셈이나 가르친다며 부모들이 자녀들을 학교에 보내지 않더니, 수업 후에 우물에서 물을 한 통씩 퍼가게 했더니 보낸다고 말입니다. 그래요. 물은 꼭 필요합니다. 수학보다 물의 필요성을 이해하는 게 더 쉽다고 생각하는 것도 어디나 같지요.

그 아이들은 수와 기호가 난무하는 칠판보다 평원에서 소를 보는 편이 더 행복할지도 모릅니다. 그런 삶도 물론 나쁘지 않아요. 그렇지만, 그 수와 기호 너머에 어떤 신세계가 있을지, 그걸 가지고 자신의 삶과 공동체의 미래를 어떻게 바꿀 수 있을지, 그 가능성도 보여주어야 하지 않을까요?

물 때문에 억지로 셈을 배우던 아이들 중 일부는 고대 문명이 수와 모양을 다루던 방법과 뉴턴이 천체의 운동을 이해하려 만든 미적분을 언젠가 깨우칠 것입니다. 서로 연관 없어 보이는 사실들의 논리적 관계를 규명하고, 유의미한 결론에 다다르는 '생각의 기술'을 익히기도 할 테지요. 자신의 조국에 과학기술의 토대를 만들지도 모릅니다.

독자적이고 비판적인 '생각의 능력'을 갖춘 시민의 양성은 교육의 주요 가치이고, 논리적 추론을 거쳐 결론을 이끌어내는 수학은 사색의 재료이자 도구입니다. 넘치는 각종 데이터에서 사실과 주장을 구별하는 능력은 이제 지식인이 갖추어야 할 필수 소양이 되었습니다.

반복적인 문제 풀이를 줄여서 학습 부담을 줄이되, 학생들이 폭넓은 내용을 재미있게 배우고, 자신의 미래 설계와 연계하도록 돕는 게 포인트입니다. 내용을 줄이는 게 아니라 흥미롭게 만드는 게 초점이 되어야 하지요. 문제 풀이의 무한 반복은 지적 성장에 큰 해악을 가져올 뿐이니까요.

이 책은 20세기에 활약했던 다양한 개성을 지닌 수학자들을 통해 '인간의 얼굴을 한 수학'을 그립니다. 수학에 지친 여러분에게 잠시나마 위안이 되길, 그리고 더 나아가 새로운 영감의 출발이 되길 바랍니다.

차례

역사에는 은둔자로 살았던 수학자도 있고 변혁가로 살아간 수학자도 있습니다. 때로는 은둔과 참여의 두 모습이 혼재되어 여운을 남기는 경우도 있습니다.

은둔자 유형의 수학자로는 러시아의 그리고리 페렐만이 자주 거론됩니다. '푸앵카레 추론'이라 불리며 100년간 미해결로 남아 있던 난제를 해결한 이 천재 수학자는 지적 성취에 오롯이 만족해서 수학자 최고의 영예로 불리는 필즈상 수상도 거부했고 미국 클레이 재단이 밀레니엄 7대 난제 중 하나를 해결한 공로로 지불하려던 100만 달러도 거절했습니다. 세인의 눈을 피해 노모와 함께 상트페테르부르크에 사는 그는 분명 은둔자 유형의 수학자로 불릴 만합니다. 유럽사를 들여다봐도 수도사로 살며 지적 작업을 하던 과학자들을 자주 볼 수 있는데요. 지동설을 처음 주장한 코페르니쿠스는 가톨릭 신부였습니다.

참여형 수학자는 세상의 문제 해결에 뛰어든 변혁가들인데, 의외로 상당히 많습니다. 프랑스 혁명기에 왕당파에 맞서 싸우던 천재 수학자 갈루아, 영국의 수학자이자 철학자이며 반전(反戰) 운동에도 적극적이었던 버트런드 러셀, 프랑스의 첫 번째 필즈상 수상자인 로랑 슈바르츠 같은 이들을 들 수 있습니다.

슈바르츠는 2015년에 탄생 100주년을 맞았던 세계적인 대수학자로서 함수의 개념을 일반화한 '디스트리뷰션(distribution) 이론'을 개척해 20세기 해석학에 큰 영향을 미친 사람입니다. 그는 1950년 필즈상을 수상했는데, 유년기에는 라틴어와 그리스어 등 언어적 재능을 드러냈고 음악적 소양도 뛰어났으며 식물과 동물에 대해서도 박식했습니다. 취미였던 나비 수집은 경지에 이르러서 그가 발견하여 이름을 붙인 나비 종도 여러 개 있고, 방대한 수집물은 프랑스 자연사 박물관에 소장되어 있습니다. 2002년 세상을 떠날 때까지 알제리와 베트남의 독립을 지원하며 인권 상황을 개선하기 위한 사회 활동을 정력적으로 수행한 당대의 지성으로 존경을 받았지요.

세 번째 유형은 흔하진 않지만 우리를 깊은 성찰에 이르게 해줍니다. 여러분, 혹시 20세기 한때 미국에서 연방수사기관이 가장 요주의 인물로 찾았던 '유너바머(Unabomber)'를 기억하세요? 결국 체포되어 아직도 수감 중인 그의 이름은 '시어도어 카진스키'입니다. 미시간 대학교에서 수학 박사학위를 받았고 버클리 대학교에서 조교수를 지냈지요. 문명과 동떨어져서 외진 산골에서 홀로 지냈던 그를 단순히 세상에 적응하지 못한 외톨이형 은둔자로 결론을 내릴 수는 없습니다. 오히려 사회 참여의 진전된 모습이 은둔으로 나타난 것으로 추측되기 때문입니다.

이는 그가 살았던 시대의 모습과 관계가 깊습니다. 1960년대 베트남 전쟁을 겪으면서 대학가를 중심으로 번졌던 반전 운동은 문명의 공과(功過)에 대한 반성으로 이어져서 반(反)문명 운동의 양상을 띠게 됐고, 히피 운동의 형태로 구체화되었습니다. 당시 반전 운동의 중심이었던 버클리는 자연스럽게 히피 운동의 성지가 되었는데요. 그 시기에 카진스키는 버클리 대학교의 수학과 조교수로 재직하면서 문명이 만들어낸 파괴적 결과에 깊이 공감하고 상심하던 터였지요. 일각에서는 그가 종신 교수 심사를 앞두고 극단적 스트레스에 시달렸던 탓이라고 추측하기도 합니다.

종신 교수 심사를 포기하고 몬태나 주의 외진 통나무집에 은거한 그는 기술의 발전과 관련된 사람들에게 수제 폭탄을 거듭 보내서 세 명이 사망하고 수십 명을 부상당하게 하는 테러리스트가 되고 말았는데요. 「산업 사회와 그 미래」라는 제목의 글을 〈뉴욕 타임스〉에 익명으로 기고하기도 했습니다. 그의 주장이 담긴 글은 흔히 '유너바머 매니페스토'라 불립니다. 기술의 발전은 거대 조직을 만들어내고, 이는 인간 자유의 상실을 초래했다는 내용이지요.

은둔형 참여자의 한계는 자신의 신념을 검증할 기회를 잃어버린다는 점입니다. 사실(facts)과의 비교 기회도, 다른 뜻을 가진 이들과의 논쟁과 대립을 통해 자신의 논리를 교정하고 정교하게 만들 기회도 잃어버리니까요.

과학기술을 통한 인간 삶의 질 향상이 카진스키에게는 신기루로 보였던 걸까요? 그가 공적 논쟁의 영역으로 들어갔더라면 아마도 이런 견해도 접했을 것입니다. 그와 같은 삶의 향상이 가능하다고. 이는 인간이 고귀하고 가치 있는 일에 몰입할 수 있는 자유로움을 허용할 거라고. 그리고 그 증거도 꽤 쌓여가고 있다고. 이 책은 20세기에 활동했던 위대한 수학자들의 모습을 통해 수학이 인류사의 흐름을 어떻게 긍정적으로 변화시킬 수 있는지 보여주는 증거이자 21세기를 살아가는 '또 다른 카진스키들'에게 보내는 격려의 메시지입니다.

What is important is to deeply understand things
and their relations to each other.
This is where intelligence lies.
The fact of being quick or slow isn't really relevant.

정말로 중요한 것은, 사물과 그 사이의 관계를 깊이 있게 이해하는 것이다.

이것이 지성의 본질이며, 빠른가 느린가는 무의미하다.

로랑
슈바르츠

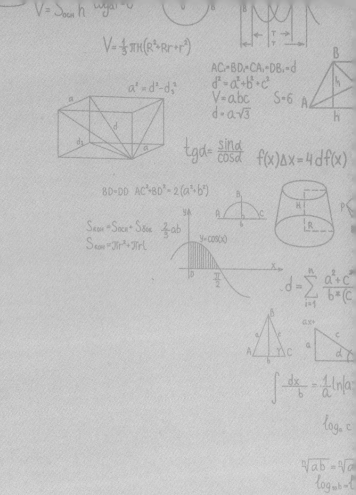

$V = S_{осн} h$

$V = \frac{1}{3} \pi H (R^2 + Rr + r^2)$

$a^2 = d^2 - d_3^2$

$AC_1 = BD_1 = CA_1 = DB_1 = d$
$d^2 = a^2 + b^2 + c^2$
$V = abc \qquad S = 6$
$d = a\sqrt{3}$

$tg\alpha = \dfrac{\sin\alpha}{\cos\alpha}$

$f(x)\Delta x = 4 df(x)$

$BD = DD \quad AC^2 + BD^2 = 2(a^2 + b^2)$

$S_{кон} = S_{осн} + S_{бок} \quad \frac{2}{3}ab$
$S_{кон} = \pi r^2 + \pi r l$

$y = \cos(x)$

$d = \sum\limits_{i=1}^{n} \dfrac{a^2 + c^*}{b * (C}$

$ax+$

$\int \dfrac{dx}{b} = \dfrac{1}{a}\ln|a$

$\log_a c$

$\sqrt[n]{ab} = \sqrt[n]{a}$
$\log_{ab} = t$

사회 활동을 정력적으로 수행한 당대의 지성

세기의 지성

로랑 슈바르츠(Laurent-Moïse Schwartz, 1915~2002)는 세계적인 대 수학자이자 프랑스 지성의 상징으로서 20세기를 풍미했던 존경받는 대 석학입니다. 1915년 3월 5일에 태어나서 2002년에 사망할 때까지 특유의 지적 활동과 날카로운 사회 참여를 멈추지 않았어요. 특히 함수의 개념을 일반화한 '디스트리뷰션 이론'을 개척하여 20세기 해석학에 큰 영향을 끼쳤고, 그 공로를 인정받아 1950년 필즈상을 수상했습니다.

유년기에는 라틴어와 그리스어에 두각을 나타냈을 만큼 언어적 재능이 뛰어났고, 음악적 소양은 물론 식물과 동물에 대해서도 박식했

툴루즈 박물관에 소장된 나비. 'Clanis schwartzi Paratype'라는 슈바르츠의 이름이 붙어 있다.

습니다. 그는 평생 동안 나비 수집을 취미로 삼았는데요. 그 경지가 실로 대단하여 슈바르츠의 방대한 나비 수집물은 현재 프랑스 자연사 박물관에 소장되어 있습니다. 그가 처음 발견한 덕분에 그의 이름이 붙어 있는 나비 종도 여러 개 있지요.

슈바르츠는 또한 알제리나 베트남 같은 프랑스 식민지의 문제에도 관심이 많았어요. 그들의 독립을 지원하며 인권 상황을 개선하기 위해 정력적으로 사회 활동을 펼쳤던 당대의 지성이었습니다.

양자 역학에 이론적인 근거를 제시하다

슈바르츠는 일반화된 함수 이론, 즉 '디스트리뷰션 이론'을 창안하여 수학사에 큰 족적을 남겼습니다. 양자 역학의 초기 발전 단계에서부터 물리학자들이 자주 사용하던 디랙 델타 함수*는 수학자들에게는 골 칫덩어리였습니다. 이게 이름과 달리 사실은 함수가 아니었기 때문입 니다. 강력한 유용성에도 불구하고 함수도 아닌 것을 가지고 미분과 적분을 논하고 있었으니, 수학자들의 눈에는 위험천만해 보이지 않을 수 없었지요.

설명을 위해 실변수 하나를 갖는 함수의 그래프를 상상해볼게요. 평면 위에 x축과 y축을 가지는 평범한 그래프인데, x값 0에서 무한히 솟구치지만 그 외에서는 0인 그림을 연상하면 됩니다. 그리고 이 그래 프 아래의 면적을 1이라고 합시다(미적분을 아는 독자라면 이 함수의 전 구간 적분 값이 1이라고 보아도 됩니다). 당연히 이는 연속이 아닐 뿐더러 함수조차 아닙니다. 변수가 0일 때 일단 함숫값 자체가 존재하지 않으 니까요(무한은 숫자가 아닙니다!). 게다가 그래프 아래의 면적이 1이라는 조건 때문에 0에서의 값이 아주 큰 무한이 아니고 적당한 무한이라는 뜻이니, 정말 골치 아픈 놈일 수밖에 없습니다. 큰 무한과 작은 무한 을 비교하는 일은 칸토어 이후에 많은 진전을 본 것이지만, 어쨌든 다 루기가 까다로운 것은 여전합니다.

이것이 바로 디랙 델타 함수인데요. 함수도 아닌 것을 함수라고 부 르는 것이었지만, 이 함수를 특정 함수에 곱해서 적분하는 등의 방법 으로 물리학이나 공학에서는 아주 유용한 도구로 쓰였습니다. 로랑 슈바르츠는 이런 골치 아픈 녀석을 포함하는 새로운 수학적인 대상을

---

* 디랙 델타 함수는 이론 물리학자 폴 디랙이 고안해낸 함수로, $\delta(x)$와 같이 표기하며, 크로네커 델타의 연 속 함수화로도 볼 수 있다. 이 함수는 일반적인 의미에서의 함수는 아니며, 0에서 완전히 축퇴된 분포의 확 률 밀도 함수 같은 것으로 정의할 수 있다. 신호 처리 분야에서는 임펄스 함수라고 부르기도 한다.

도입해볼 생각을 했는데, 그는 이를 '디스트리뷰션'이라고 불렀습니다. 흔히 '일반화된 함수(generalized function)'라고도 불리는데, 그는 여기에 엄밀한 수학적 구조를 부여하고 다루는 데 성공했습니다.

슈바르츠의 이론은 해석학의 편미분 방정식 이론에 새로운 장을 열었고, 물리학이나 공학에도 지대한 영향을 끼쳤습니다. 이러한 업적을 인정받은 그는 1950년에 프랑스 인으로는 처음으로 필즈상을 수상했습니다. 프랑스는 슈바르츠 이후로 전체 필즈상 수상자 중에 단일 국가로는 가장 많은 열세 명을 배출하며 넘볼 수 없는 수학 강국으로 부상했지요.

식민지의 인권 상황 개선을 위한 노력

유태인인 슈바르츠는 나치 치하에서 생명의 위협을 받았고 실제 그의 동료들 중에는 체포된 뒤 연락이 두절된 사람들도 있었습니다. 그는 '로랑-마리 셀리마르땡'이라는 가명을 사용하며 대학에서 근무해야 했는데 다행히 전쟁이 끝날 때까지 발각되지 않고 지낼 수 있었어요. 이 같은 개인적인 경험 때문에 그는 평생 동안 전체주의에 대한 깊은 혐오를 신념처럼 지니게 되었습니다.

슈바르츠가 그의 평생의 업적이라고 할 수 있는 디스트리뷰션 이론을 완성한 것은 제2차 세계대전 끝 무렵인 1944~1945년 사이였습니다. 자기 이름을 감춘 채 가명으로 연구 활동을 하며 이러한 업적을 이룬 것이니 그 느낌이 어땠을까요? 그의 업적은 디스트리뷰션의 푸리어 해석학으로 이어졌고, 라스 회르만더(Lars H rmander)는 이를 더 확장하여 1962년 또 다른 필즈상을 수상하기도 했습니다.

슈바르츠는 한때 트로츠키 사회주의에 심취하기도 했지만, 스탈린 치하 소비에트 연방에서의 전체주의 경향과 열악한 인권 상황에 분노하여 전향하는 곡절을 겪기도 했어요. 이런 특이한 이력 때문에 외국 여행에 여러 모로 제약을 받았는데, 특히 매카시즘이 나라 전체를 휩쓸던 미국에 방문하기란 쉬운 일이 아니었습니다. 1950년 미국에서 열린 세계수학자대회에서 필즈상을 수여받는 과정에서도 주최 측의 탄원과 수학계의 노력으로 겨우 참석 허가를 받을 수 있었다고 전해집니다.

1950년대 프랑스 식민지이던 알제리에서는 고문과 테러가 횡행하며 공포 통치가 자행되고 있었는데, 슈바르츠가 이러한 상황에 깊은 관심을 가지게 된 계기는 '오뎅(Audin) 사건' 때문입니다. 모리스 오뎅(Maurice Audin)은 슈바르츠의 지도 아래 박사학위 논문을 작성하고 있던 알제리 출신의 대학원생이었는데요. 이 학생이 어느 날 알제리에서 체포된 뒤에 종적을 감춘 것입니다. 알제리의 인권 상황 개선과 독립 국가 건설을 위해 노력하던 오뎅은 그러한 활동으로 인해 투옥되어 고문 끝에 사망한 것이었지만, 그의 죽음에 대한 진상 조사를 요청하는 여러 탄원은 모두 무시되었습니다. 슈바르츠는 프랑스 내에 오뎅 위원회를 설립하여 진상 조사 요구를 계속했고, 오뎅에게 사후 박사학위 수여를 추진하여 관철시켰습니다. 이는 프랑스 식민지 정책의 대대적 수정을 촉구하는 사회 운동으로 확대되었고, 1960년에 슈바르츠가 사르트르 및 보부아르 등 당대의 프랑스 지식인들과 함께 발표한 '121인

선언*을 통해 프랑스의 양심에 호소하는 극적인 상황으로 치달았습니다.

이로 인해 프랑스 내 극우파가 지식인들을 협박하며 대립하는 긴장 상황이 조성되었습니다. 사르트르 같은 지식인의 자택이 공격당하는 일이 비일비재하게 벌어졌고, 그 자신도 아들이 납치되어 억류당하는 슬픔을 겪었습니다. 그는 몸담고 있던 대학인 에콜 폴리텍에서 해임되는 수난도 겪었는데, 국제적인 구명 노력을 통해 우여곡절 끝에 복직할 수 있었습니다.

당시 사회 참여에 적극적이었던 또 다른 수학자인 버트런드 러셀과 함께 슈바르츠는 베트남의 인권 상황과 전쟁 종결을 위해 협력하며 공동의 노력을 기울였는데요. 프랑스 식민지였던 베트남의 비극적 상황을 세계에 알리고 중재의 역할을 수행했고, 이에 따라 전쟁 후에도 베트남에서 국민적 영웅으로 존경받았습니다.

수학 대중화의 개척자

슈바르츠는 특유의 명강의로 유명했어요. 그의 강의는 듣는 이들에게 깊은 인상을 남기곤 했습니다. 전문적인 수학 연구에 관한 강의에서도 그랬지만, 가르침의 즐거움을 설파하며 교육자로서도 큰 족적을 남겼습니다. 일반인을 대상으로 한 슈바르츠의 대중 강연에는 수많은 청중이 운집하여 귀를 기울였다고 합니다. 노년까지 지칠 줄 모르는 활

---

* '121인 선언'에 대해서 정확하게 알고 싶은 독자들은 다음 사이트 참조. http://news.khan.co.kr/kh_news/khan_art_view.html?artid=200208191552331&code=900102

동을 이어갔던 그는 프랑스적인 지적 전통이 배출한 깨어 있는 지식인으로 여전히 존경받고 있습니다.

"수학이 무슨 효용이 있냐고요? 수학 없이는 물리학을 할 수가 없어요. 물리학 덕분에 냉장고를 만들 수 있고요. 냉장고에는 바다가재를 보관할 수 있는데, 수학자는 그걸 먹고 수학을 더 잘할 수 있게 되지요. 그래서 물리학에 도움이 되고요. 덕분에 냉장고를 만들 수 있고, 그래서 바다가재…"

이 말은 여러 곳에서 인용된 그의 대중 강연 내용 중 일부입니다. 수학 때문에 과학이 발전할 수 있고, 그로 인해 인류의 삶이 개선된다는 메시지를 유머러스하게 전달한 것인데요. 대중의 눈높이에 맞추어 소통하던 슈바르츠의 재기를 엿볼 수 있는 대목입니다.

We must know-we will know!
우리는 알아야만 한다-우리는 알게 될 것이다!

다비트
힐베르트

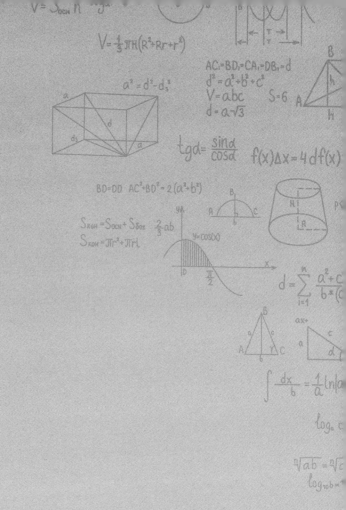

통찰력을 갖춘 위대한 수학자

20세기 수학의 흐름을 바꾼 대(大) 수학자

20세기의 가장 위대한 수학자는 누구일까요? 이 질문에 분명한 답이 없다는 것을 여러분은 잘 알고 있을 것입니다. 그리 현명한 질문도 아니지요. 20세기를 풍미한 기라성 같은 대 수학자들의 업적을 어떻게 비교하고 우위를 평가할 수 있겠어요? 하지만 질문을 바꾸어봅시다. "20세기 수학의 흐름에 가장 큰 영향을 준 수학자는 누구일까?" 라고요. 이렇게 물으면 상당히 많은 수학자들이 힐베르트(David Hilbert, 1862~1943)를 꼽을 것입니다.

힐베르트는 '불변 이론(invariant theory)' 등에서 놀라운 업적을 쌓은

Friedrichs-Collegium

Gruss aus Königsberg i. Pr.

Verlag O. Ziegler, Königsberg i. Pr.

힐베르트가 처음으로 다녔던 프리드리히 신학교

Gruss aus
Königsberg i. Pr.

Verlag von Johanna Gerbeth, Königsberg i. Pr., Mittelragheim 7

Königliches Wilhelm-Gymnasium

빌헬름 김나지움

힐베르트와 민코프스키가 청년 시절을 함께 보낸 알베르투스 대학교. 1900년경의 전경이다.

불세출의 수학자입니다. 50세 이후에는 물리학에도 관심을 보여 일반 상대성 이론의 핵심인 중력장 방정식을 아인슈타인보다 빨리 완성했지요. 하지만 간발의 차이로 출간이 늦어진 바람에 업적을 아인슈타인에게 양보했다고 합니다. 수학자로서의 탁월성이야 널리 알려진 바이지만, 그래도 그가 과연 어떤 이유로 20세기 수학의 흐름에 가장 큰 영향을 주었다고까지 평가받는지를 이해하기란 사실 쉽지 않은 일입니다. 그 배경을 제대로 이해하려면 먼저 그에게 영향을 받은 수학자들과 그로부터 파생된 수학적 업적을 꼼꼼하게 들여다보아야 하니까요.

힐베르트는 위대한 수학자였을 뿐만 아니라 수학의 본질에 대한 통찰력까지 두루 갖춘 보기 드문 학자였습니다. 그는 무조건 어려운 질문을 하고 답하는 게 아니라, 당대의 인류가 수학 분야에서 무엇을 알고 있고 무엇을 모르는가를 끊임없이 규명하는 게 이성의 진보를 위해 중요하다고 믿었습니다. 힐베르트는 자신 역시 너무나 풀고 싶지만 그 답을 알지 못했던 수학 문제 23개를 골라서 19세기에서 20세기로 들어서는 문턱인 1900년에 발표했어요. 아직 인류가 이 질문들에 답하지 못한다는 사실 속에 우리 이해의 범주에 대한 어떤 실마리가

1886년의 힐베르트

숨어 있다고 믿었기 때문이지요. 다음 세대의 인재들이 출현해서 이 문제들을 해결하는 과정에서, 단지 문제의 해결이 아니라 이전에 우리가 그 문제들에 답할 수 없었던 이유까지 규명되기를 바랐습니다. 힐베르트의 문제들은 수많은 수학자들의 집중적인 해결 노력으로 이어졌습니다. 혹자는 이를 다소 과장해서 "20세기 전반부의 수학은 힐베르트의 문제들을 풀기 위한 과정이었다"라고 이야기할 정도입니다. 그만큼 이 문제들은 현대 수학의 흐름에 지대한 영향을 미쳤어요.

20세기 물리학의 토대를 만든 수학자

힐베르트는 1862년 1월 23일 독일 프러시아 지방의 쾨니히스베르크에서 태어났습니다. 김나지움*을 졸업한 힐베르트는 쾨니히스베르크

---

* 김나지움(Gymnasium)은 독일의 전통적 중등 교육 기관이다. 수업 연한은 9년으로, 16세기 초에는 고전적 교양을 목적으로 한 학교였으나 19세기 초에 대학 준비 교육 기관이 되었다.

에 있는 알베르투스 대학교에 다니면서 당대의 천재인 민코프스키 (Hermann Minkowski, 1864~1909)를 만나 친구가 됩니다. 민코프스키는 힐베르트보다 두 살 어렸지만 이후로 두 사람은 나중에 괴팅겐 대학에서도 함께 교수 생활을 했을 만큼 평생 절친으로 지냈지요.

순수 수학에만 몰두하던 힐베르트는 친구 민코프스키가 45세의 젊은 나이로 사망하자 민코프스키가 몰두하던 물리학을 깊이 파고듭니다. 그 덕에 일반 상대성 이론과 양자 역학의 수학적 토대를 마련하는 데 엄청난 기여를 하게 되지요. 따지고 보면 힐베르트는 47살이 되어서 물리학에 도전장을 내민 셈인데요. 정말 어마어마하지 않아요? 지적 호기심을 유지하는 한 나이가 아무리 많아도 새로운 분야에 도전할 수 있다는 것, 공부에 늦은 나이란 없다는 것, 남보다 늦게 뭔가를 시작해도 열정과 노력만 있다면 그 분야에서 위대한 업적을 쌓을 수 있다는 것을 보여주는 멋진 실례입니다.

헤르만 민코프스키

원래 아인슈타인은 특수 상대성 이론을 만들면서 대수적 관점**을 유지했는데, 민코프스키는 이를 4차원 시공간의 기하학으로 해석하여 기하학점 관점***으로 재건설했습니다. 기하학적 해석에 부정적이던 아인슈타인은 결국 일반 상대성 이론을 완성하기 위해서는 기하학적 관점이 반드시 필

** 여러 변수들의 상호 관계를 방정식으로 기술해서 이해하려는 방식
*** 여러 변수들의 상호 관계를 그림으로 표현하고 그 성질을 이해하려는 방식

요하다는 점을 깨닫고 돌파구를 찾아 뼈를 깎는 심정으로 노력한 끝에 이론을 완성하게 되었는데요. 그 과정에서 힐베르트는 아인슈타인이 괴팅겐 대학을 방문해서 한 강연을 한 번 듣고는 이를 즉시 이해하고 완벽한 이론을 전개했다고 하니, 정말 놀랍습니다.

20세기 초반은 상대성 이론과 양자 역학의 건설을 통해 물리학이 혁명적으로 발전하던 시기입니다. 당시에는 슈뢰딩거(Erwin Schrödinger, 1887~1961)*와 하이젠베르크(Werner Karl Heisenberg, 1901~1976)**가 독립적으로 다른 방식의 양자 역학을 만든 것처럼 보였는데요. 하지만 힐베르트는 수학적인 눈으로 이들이 본질적으로 동등함을 간파했고, 그 사실을 증명합니다. 이처럼 힐베르트는 수학적 토대가 부족하여 여러모로 결함이 많았던 당대의 물리학 이론에 수학적 엄밀성을 부여하는 데 크게 기여했습니다.

이게 신학이지 수학이란 말인가!

힐베르트를 이야기할 때 반드시 함께 등장하는 것이 있습니다. 바로 '괴팅겐 학파'인데요. 괴팅겐 대학 수학과는 그야말로 당시 수학계를 휘어잡고 있었던 실세 중의 실세이자 세계 수학의 중심지였습니다. 오죽하면 "19세기 말에서 20세기 초까지 괴팅겐 대학 수학과를 빠트린

---

* 오스트리아의 물리학자. 물질 파동(物質波動) 개념을 기초로, 슈뢰딩거 방정식을 발견하여 파동 역학을 수립하였다. 1933년 노벨 물리학상을 받았으며, 저서에 『파동에 관한 연구』가 있다.
** 독일의 물리학자. 주로 원자 물리학을 연구하고 1925년에 매트릭스 역학을 창시하여 양자(量子)의 기초를 확립하였으며, 불확정성 원리와 원자핵의 구조를 밝혔다. 1932년에 노벨 물리학상을 받았다.

헤르만 바일

1940년대의 존 폰 노이만

다면 현대 수학사를 쓸 수 없다"라는 말이 나왔을까요? 괴팅겐 대학 수학과의 토대를 닦은 사람은 클라인(Felix Klein, 1849~1925)입니다. 그는 또한 힐베르트가 불변 이론 분야에서 일궈낸 혁명적인 기여를 인정하여, 괴팅겐 대학이 힐베르트에게 종신 교수직을 제의하도록 노력했던 장본인이기도 해요.

당대의 불변 이론 권위자이던 폴 고든(Paul Gordon)이 불변환의 유한성에 대한 힐베르트의 논문을 심사했는데요. 계산 가능성이 없는 존재론적 증명을 보고 이를 인정할 수 없어서 내뱉은 탄식에 찬 말은 지금도 인구에 회자됩니다. 바로 "이게 신학이지 수학이란 말인가!(Das ist nicht Mathematik. Das ist Theologie!)"입니다. 그 후 힐베르트는 전성기를 구가하던 괴팅겐 학파의 핵심이 되었고, 이곳에서 정력적인 연구와 교육을 수행하며 무려 69명의 박사를 배출합니다. 힐베르트의 학생 중에는 바일(Hermann Weyl, 1885~1955)[***]이나 노이만(John von Neumann, 1903~1957)[****]처럼 20세기를 풍미했던 대 수학자들이 많았어요.

이렇게 자타가 공인하는 세계 수학의 중심이었던 괴팅겐 학파는 히

[***] 독일의 수학자. 수학 전반 및 이론 물리학에 걸쳐 많은 선구적·기본적인 업적을 남겼다. 저서에 『공간·시간·물질』, 『군론(群論)과 양자 역학』 등이 있다.
[****] 헝가리 태생의 미국 수학자. 힐베르트 공간의 이론을 발전시켜 양자 역학의 수학적 기초를 세웠다. 또한 게임 이론, 오퍼레이션 리서치, 오토마톤 이론 등을 연구했다.

틀러의 나치 정권이 들어선 뒤인 1933년, 독일의 모든 공직에서 유태인을 추방하는 법이 발효되어 당대의 최고 과학자들이 독일을 떠나면서 몰락합니다. 긴 세월 동안 많은 이들이 각고의 노력으로 얻어낸 세계적인 명성이 단 1년이 안 되는 짧은 기간에 허망하게 무너진 거예요. 당시 괴팅겐을 떠나야 했던 18명의 수학자 중에는 바일이나 쿠란트(Richard Courant, 1888~1972), 뇌터(Emmy Noether, 1882~1935) 같은 기라성 같은 수학자들이 있었습니다. 이들은 미국으로 건너가서 미국이 과학 분야의 강국으로 부상하는 데 결정적 기여를 하게 됩니다.

리하르트 쿠란트

에미 뇌터

괴팅겐 수학 연구소 전경. 록펠러 재단의 후원 아래 1926~29에 걸쳐 신축되었고, 1929년 12월 2일 힐베르트와 쿠란트가 연구소 문을 열었다.

세기의 수학 문제

여러분, 노벨 과학상에는 수학 분야가 없는 거, 알고 계시지요? 대신 필즈상(Fields medal)*을 최고의 상으로 여깁니다. 필즈상은 40세 이하의 수학자에게 수여되는 수학 분야 최고의 상으로서 4년마다 열리는 세계수학자대회(ICM, International Congress of Mathematicians) 개회식에서 개최국 국가 원수가 수여하는 것이 관례이지요. 노벨 과학상이 매년 정해진 곳(스톡홀름)에서 정해진 시기(12월 10일경)에 수여되는 것과 좀 다르지요? 우리나라는 지난 2014년 서울에서 세계수학자대회를 개최했습니다.

아직 필즈상이 제정되기 전이던 1897년에 처음 개최된 세계수학자대회는 19세기에서 20세기로 넘어오는 문턱인 1900년에 파리에서 제2회 대회가 열렸는데요. 힐베르트는 여기에서 그의 유명한 '세기의 문제(centennial problems)' 강연을 하게 됩니다. 강연에서는 선정한 문제의 반 정도(1, 2, 6, 7, 8, 13, 16, 19, 21, 22번)를 소개했고, 이후 추가 문제를 포함한 총 23개의 미해결 난제를 선정해서 출간했습니다.** 이 중에는 아직도 해결되지 않고 수학자들을 괴롭히는 리만(Georg Friedrich Bernhard Riemann, 1826~1866)***의 가설 같은 문제도 있어요. 새로운 세기인 20세

---

* 국제 수학 연맹(IMU)이 4년마다 개최하는 세계수학자대회(ICM)에서 40세가 되지 않은 두서너 수학자들에게 수여하는 상으로서 캐나다의 수학자 존 찰스 필즈의 유언에 따라 그의 유산을 기금으로 만들어졌다. 수학 부문에서 권위가 있는 상이라 하여 사람들이 흔히 '수학의 노벨상'이라고 부르지만, 노벨상 위원회와는 관련이 없다. 1936년에 처음 시상되었고, 제2차 세계대전으로 14년간 시상이 중단되었다가 1950년부터 다시 시상했다. 상금은 15,000 달러이다.

** 24번째 문제는 나중에 독일 역사학자인 뤼디거 틸레(Rüdiger Thiele)가 힐베르트가 문제들을 공개한 지 100주년인 2000년에 재발견하였다.

*** 독일의 수학자. 타원 함수론, 아벨 함수론 따위를 연구하였으며, 특히 「일반 함수론」 및 「기하학의 기초에 있는 가정에 관하여」라는 논문을 발표하여 오늘날의 함수론과 리만 기하학의 기초를 세웠다.

필즈 메달에는 아르키메데스의 두상이 그려져 있고
"두려움을 극복하고 세상을 움켜쥐라"라고 라틴어로 쓰여 있다.

기의 시작을 맞아 다가올 한 세기 동안 미래 세대가 해결해야 할 과제를 제시한 셈입니다. 그때 제시되었던 힐베르트의 문제 중 10개는 100여 년의 노력을 거친 끝에 완벽하게 해결되었는데요. 7개는 부분적으로 해결된 것으로 간주되고, 4개는 문제가 분명하게 정의되지 않아 불명확한 것으로 보이고, 2개는 해결되지 않았을 뿐 아니라 전혀 해결될 기미도 없어 보입니다. 이 중에서 리만 가설은 2000년에 클레이 재단이 선정한 '천 년의 문제(millenium problems)' 7개 중의 하나로 선정되어 상금 100만 달러가 걸려 있기도 해요. 이 책을 읽는 여러분 가운데서 도전자가 나오면 매우 기쁘겠지요?

우리가 무엇을 알고 무엇을 모르는가에 대한 질문. 재능 있는 젊은 이들의 노력이 무엇에 집중되어야 하는가에 대한 통찰. 힐베르트는 보

1932년 70세의 힐베르트가 강연하는 모습 | 괴팅겐의 공동묘지에 있는 힐베르트의 묘

통 사람들이 하기 힘든 이러한 시도를 통해 20세기 수학에 새로운 역
동성을 부여했고, 전 세계 수학계의 집중적인 문제 해결 노력을 촉발
시켰습니다. 그 결과 우주에 대한 인간의 이해가 확장되었고, 예상하
지 않았던 각종 결과가 파생되면서 수학뿐 아니라 20세기 과학의 흐
름에 지대한 발전이 가능해졌습니다. 이 글의 처음에 우리가 했던 질
문, 즉 "20세기 수학의 흐름에 가장 큰 영향을 끼친 수학자는 누구인
가?"라는 질문에 대다수 사람들이 "힐베르트일 거야"라고 대답을 하
는 이유를 이해할 수 있겠지요?

힐베르트의 문제

20세기가 시작되던 해인 1900년에 파리에서 힐베르트가 발표한 당시 미해결 상태로 수학자들을 괴롭히던 23개의 문제들이다. 앞으로 시작될 20세기 백 년 동안 인류가 해결하자고 제안했다는 뜻으로 '힐베르트의 백 년의 문제들(Centennial Problems)'이라고 불린다.

	내용 요약	현재 상태
1	연속체 가설: 정수의 집합보다 크지만 실수의 집합보다는 작은 집합은 존재하지 않는다	부분적으로 해결
2	산술의 공리들이 무모순임을 증명하라	부분적으로 해결
3	두 다면체의 부피가 같을 때, 하나를 유한개의 조각으로 잘라내고 다시 붙여서 다른 하나를 만들어내는 것이 언제나 가능한가?	해결
4	직선이 측지선인 계량을 전부 만들어내라	문제 모호함
5	연속군은 언제나 미분군인가?	부분적으로 해결
6	물리학을 수학적 공리화하라	부분적으로 해결
7	$a \neq 0, 1$이 대수적 수이고 b가 대수적 무리수일 때, ab는 초월수인가?	해결
8	리만 가설과 골드바흐 추측 및 쌍둥이 소수 추측을 포함하는 소수 관련 문제들	미해결
9	대수적 수체에 대해 성립하는 가장 일반적인 상호법칙은?	부분적으로 해결
10	임의의 주어진 디오판투스 방정식이 정수해를 갖는지를 판별하는 알고리즘은?	해결
11	대수적 수를 계수로 갖는 이차 형식의 해 구하기	해결
12	유리수체의 아벨 확장에 대해 적용되는 크로네커의 정리를 임의의 수체로 확장하라	미해결
13	임의의 7차방정식을 2변수 대수함수들을 이용해 풀어라	해결
14	다항식환에 작용하는 대수군의 불변환은 항상 유한 생성되는가?	해결
15	Schubert의 enumerative calculus에 대해 엄밀한 이론을 제시하라	부분적으로 해결
16	대수곡선 및 곡면의 위상	미해결
17	정부호 유리함수를 제곱들의 합의 비율로 나타내라	해결
18	정다면체가 아니면서 쪽 맞추기를 할 수 있는 다면체가 존재하는가? 가장 밀도가 높은 공 쌓기는 무엇인가?	부분적으로 해결
19	변분법의 정문제 해는 언제나 해석적인가?	해결
20	경계값 조건을 갖는 모든 변분 문제들은 해를 갖는가?	해결
21	모노드로미 군이 주어졌을 때, 이에 해당하는 선형 미분방정식의 존재성을 증명하라	해결
22	보형함수를 이용한 해석적 관계의 균일화	부분적으로 해결
23	변분법을 더 발전시켜라	문제 모호함

Science is a differential equation. Religion is a boundary condition.
과학이 세상의 질서를 표현하는 미분방정식이라면, 종교는 그 경계 조건이다.

앨런 튜링

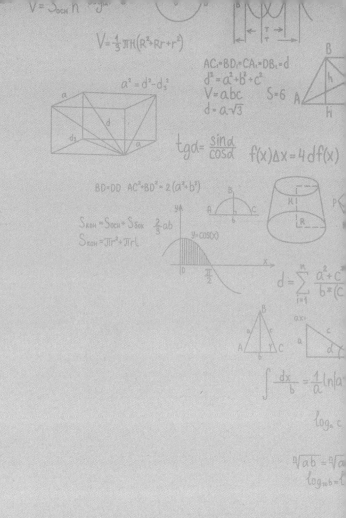

$$V = S_{осн} h$$

$$V = \frac{1}{3}\pi H(R^2 + Rr + r^2)$$

$$a^2 = d^2 - d_3^2$$

$$AC_1 = BD_1 = CA_1 = DB_1 = d$$
$$d^2 = a^2 + b^2 + c^2$$
$$V = abc \qquad S = 6$$
$$d = a\sqrt{3}$$

$$tg\alpha = \frac{\sin\alpha}{\cos\alpha} \qquad f(x)\Delta x = 4\,df(x)$$

$$BD = DD \quad AC^2 + BD^2 = 2(a^2 + b^2)$$

$$S_{кон} = S_{осн} + S_{бок} \quad \frac{2}{3}ab$$
$$S_{кон} = \pi r^2 + \pi r l$$

$$y = \cos(x)$$

$$d = \sum_{i=1}^{n} \frac{a^2 + c}{b^x(c}$$

$$\int \frac{dx}{b} = \frac{1}{a}\ln|a$$

$$\log_a c$$

$$\sqrt[n]{ab} = \sqrt[n]{a}$$
$$\log_{ab} = l$$

인공지능의 가능성을 입증한 수학자

컴퓨터의 탄생을 촉진한 선구자

앨런 튜링(Alan Turing)은 1912년 영국 런던에서 태어나 1954년에 41세의 젊은 나이로 요절했습니다. 그는 20세기 초반을 살다 간 불세출의 천재 수학자이자 이론 전산학의 아버지로 불리는데요. 위대한 논리학자였으며 제2차 세계대전의 방향을 바꾼 경이로운 암호 해독가이기도 했어요.

튜링은 어린 시절부터 수학적 엄밀함에 정통했고, 천재적 재능을 보였습니다. 16세에 아인슈타인의 논문을 읽고 즉시 이해했으며, 그 논문의 결과로 뉴턴 역학이 수정되어야 할 부분을 스스로 추론해냈다고

캠브리지에 있는 킹스컬리지. 1931년 튜링은 이곳에서 학생 시절을 보냈고 1935년 펠로우가 되었다. 그의 이름을 딴 컴퓨터실이 있다.

합니다. 물론 이 부분은 그가 읽은 아인슈타인의 논문에는 나오지 않았던 것이고요.

1999년,《타임》매거진은 20세기에 가장 주요한 영향을 끼친 100명의 인물을 선정해서 발표했는데, 이 중에 수학자로서는 괴델과 튜링 단 두 명만 들어갔습니다. 튜링을 선정한 것은 그가 인공지능의 가능성을 입증하여 컴퓨터의 발명을 이끈 선구자이기 때문이에요. 2012년에는 튜링의 탄생 100주년을 맞이하여 세계 도처에서 그를 기념하는 각종 행사가

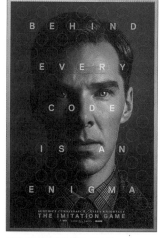

영화 〈이미테이션 게임〉 포스터

개최되었습니다. 한국에서도 튜링 탄생 100주년 기념 학술대회가 열렸고요. 또한 그의 일생을 다룬 영화 〈이미테이션 게임〉이 제작되어 우리나라에서도 개봉되었습니다. 셜록 홈스 시리즈로 유명한 베네딕트 컴버배치가 24시간마다 바뀌는 해독 불가 암호를 풀고 1,400만 명의 목숨을 구한 천재 수학자 튜링 역을 맡아 열연을 펼쳤지요.

암호 해독의 달인

흔히들 전쟁의 승패는 정보의 획득에 달려 있다고 말합니다. 제1차 세계대전 중에 독일은 '에니그마 기계(enigma machine)*'라는 암호 장치를 개발하여 군사 통신의 목적으로 사용했습니다. 당시엔 모두 이 기계를 난공불락의 암호로 여겼어요. 그런데 1938년 폴란드 암호국이 처음으로 에니그마 암호를 해독하는 데 성공합니다. 이에 독일은 더욱 개량된 에니그마를 개발하여 활용했는데요. 이러한 암호전에는 수학자들의 역할이 매우 컸습니다.

　제2차 세계대전이 터지자 영국은 블레츨리 파크(Bletchley Park)라는 곳에 암호 해독을 전문적으로 다루는 비밀 연구소를 운영합니다. 그리고 튜링은 이곳에서 주요 역할을 담당하여 전기 장치와 기계 장치의 혼합으로 수학적 방식을 사용해서 암호를 해독하는 장치를 개발

---

* 독일어로 '수수께끼'라는 뜻을 가진 암호 기계의 한 종류이다. 암호의 작성과 해독이 가능하며 보안성에 따라 여러 모델이 있다. 1918년 독일인 아르투르 슈르비우스에 의해 처음 고안되어 상업적 목적으로 사용되었고, 제2차 세계대전 중 나치 독일이 군기밀을 암호화하는 데 사용하였다.

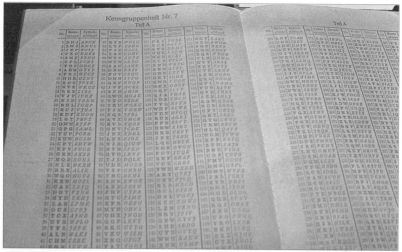

에니그마 코드북

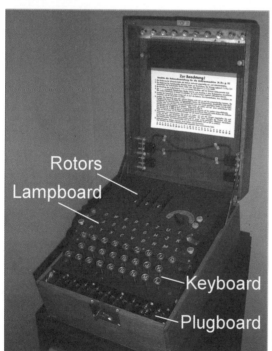

Rotors
Lampboard
Keyboard
Plugboard

런던 전쟁 박물관에
소장된 에니그마 머신

50만 장의 슬레이트로 만든 튜링
(스티브 케틀 작, 블레츨리 파크)

해요. 영국은 이 장치를 이용하여 독일군의 유보트 관련 암호 통신 내용을 해독해냈고 결과적으로 대서양 전에서 연합군의 승리를 이끌어냅니다.

실제로 전쟁 종료 후에 당시 영국의 수상이었던 처칠은 "영국의 암호 해독 프로젝트 울트라(Ultra)가 없었더라면 영국이 전쟁에서 승리할 수 없었을 것"이라고 말한 바 있습니다. 이 사건은 지금까지도 수학자가 전쟁의 방향을 바꾼 일화로 회자됩니다.

튜링을 주인공으로 다룬 영화의 제목인 '이미테이션 게임'은 모방 게임이라는 뜻인데, 이 표현은 튜링이 1950년에 쓴 논문에 나오는 표현입니다. "기계도 생각할 수 있는가?"라는 질문을 다루는 논문인데, 인공지능 개념을 공상의 세계에서 과학의 영역으로 가져온 논문이지요. "기계가 생각할 수 있는가?"라는 질문을 하려면 "생각한다는 게 무엇인가?", "도대체 어느 정도 되면 생각할 수 있다고 볼 것인가?"라는 질문과 마주치게 됩니다. '생각'이라는 것에는 기준도 확실히 없고 또한 영 과학적이지 않으니까요. 튜링은 인공지능 여부의 측정법을 제시했는데 그것이 이미테이션 게임입니다. 생각할 수 있다는 게 무엇인가를 수학적으로 정의한 것으로서 전문 용어로는 '튜링 테스트'라고 불립니다. 즉, "이 테스트를 통과하는 기계는 생각할 수 있는 기계라고 하자"라고 약속한 것입니다. 영화에

블레츨리 파크에 있는 작은 집. 튜링은 이곳에서 1939~1940년까지 일한 후 'Hut8'의 책임자가 되어 폴란드 정보부에서 제작한 에니그마 해독기 'Bomby'를 개선한 '봄브(The Bombe)'를 개발했다.

블레츨리 파크의 국립코드센터에 복원된 '봄브'

서는 제2차 세계대전을 배경으로 독일군과 연합군의 암호전이 다루어집니다. 당시 독일군이 사용하던 난공불락의 암호 기계인 에니그마로 암호화된 메시지를 해독하기 위해 분투하는 수학자 튜링의 모습이 전쟁의 긴박함과 함께 묘사되지요. 그러니까 영화는 에니그마와 앨런 튜링의 대결에 관한 것인데요. 더불어서 튜링의 인간적인 측면도 다루고 있습니다. 동성애자로 핍박을 받은 것 등 논란이 될 수 있는 부분까지 담담하게 다루었지요.

국내에서도 카카오톡 감청이 문제되면서 사이버 망명 사태가 있었습니다. 따라서 서버를 외국에 두었을 뿐 아니라 높은 수준의 암호 알고리즘을 사용하는 텔레그램 같은 메시지앱이 관심을 받았는데요. 개인 정보의 보호라거나 사이버 보안에 대한 관심은 이제 인류의 보편적 문제로 바뀌고 있습니다. 그런데 수학이 왜 이런 문제와 관련 있는 걸까요? 고대 문명에서도 중요한 정보를 지키려고 하고 알아내려고 하는 보이지 않는 정보전이 있었는데, 수학은 이런 정보전의 역사 도처에 등장합니다. 이 같은 암호화는 대부분 상당히 높은 수준의 수학을 사용하지요.

역사적인 기록을 볼까요? 먼저 기원전 5세기경 그리스와 페르시아 사이의 전쟁에서 암호를 사용했다는 기록이 있습니다. 로마의 줄리어스 시저도 암호를 애용했는데, 이 암호는 암호론 교과서의 도입부에 '시저 암호'라는 이름으로 소개되곤 합니다. 하지만 이것은 알파벳의 자릿수를 몇 자리 이동하는 초보적인 방식이라서 해커가 횡행하는 오늘날에는 사용되지 않습니다. 또한 미국의 남북 전쟁 와중에도 남부 연합이 '사이퍼 디스크'라는 방식의 암호를 사용했다고 합니다.

1918년 독일의 아르투르 쉐르비우스가 만든 '에니그마'라는 암호화 기계는 역사상 최강의 보안성을 자랑합니다. 오늘날에는 인터넷 상거래 과정이나 교통카드 등에 공개키 암호 방식이 광범위하게 쓰입니다. 이는 RSA 암호라거나 타원곡선 암호 같은 대단히 수학적인 이론에 기반하고 있습니다.

얼마 전 일본의 아베 총리가 2020년에는 틀림없이 무인 자동차가 도쿄 거리를 주행할 거라고 공개적으로 약속하면서 무인 자동차 상용화는 국가 간 자존심 전쟁의 양상을 띠게 됐습니다. 무인 자동차가 길거리에 나가기 전에 해결해야 할 마지막 과제는 해킹에 대한 대비입니다. 이를 위해 기존 수학적 암호론의 다양한 방식이 도입될 수밖에 없습니다. 그러니 전쟁의 향방뿐 아니라 인터넷 시대의 필수 요소가 된 정보 보호에도 수학이 깊이 들어가 있는 것입니다. 현대 암호에서 자주 사용되는 타원 곡선은 특정한 모양의 3차 방정식으로 표현되는 평면 곡선을 말하는데요. 특이하게도 이 곡선에 연산을 잘 정의하면 점들을 곱하고 나누는 게 가능합니다. 이런 성질을 갖는 집합을 '군(group)'이라 합니다. 불세출의 천재인 프랑스 수학자 갈로와에 의해 도입되었고, 물리학이나 화학에서도 자연의 대칭성을 표현하는 도구로 널리 쓰이지요. 타원 곡선이 군이 된다는 사실을 이용하면 "점 a를 몇 제곱하면 점 b가 되는가?"라는 문제를 풀 수 있습니다. 이 미지의 수 x를 찾는 문제는 마치 로그를 계산하는 문제와 같아서 '이산 로그 문제'라고 불립니다. 바로 이 문제를 푸는 게 어렵다는 사실을 이용해서 만든 암호가 타원 곡선 암호인데, 우리나라에서도 교통카드의 보안을 위해서 사용되는 등 인터넷 상거래의 보호를 위해서 널리 쓰입니다.

컴퓨터의 발명을 이끌어낸 수리논리학자

수학자로서 튜링의 가장 큰 업적은 힐베르트가 제시했던 '결정 가능성 문제(decision problem)'에 답을 준 것입니다. 결정 가능성 문제란 "명제들의 참과 거짓을 판별하는 판별 방법이 존재하는가?"라는 논리학적 질문인데요. 튜링은 힐베르트의 예상과 달리 그러한 판별 방법이 존재하지 않음을 증명했습니다. 이 과정에서 판별 방법이 무엇인지 그 개념을 분명히 하기 위해 '튜링 머신'이라는 개념을 도입했는데요. 이를 통하여 튜링은 판별 방법, 즉 알고리즘(algorism)*의 개념을 분명히 하고, 알고리즘으로 표현될 수 있는 문제는 계산이 가능하다는 사실을 보여주었습니다.

튜링은 임의의 알고리즘이 유한 시간에 종료되는지를 결정하는 문제는 계산 불가능한 예라는 것을 증명했어요. 이를 '튜링의 홀팅 문제'라고 부릅니다. 결국 힐베르트의 문제에 대한 반례가 된 셈입니다. 튜링 머신의 개념이 컴퓨터의 탄생을 가능하게 만들자 지금은 원래 문제였던 힐베르트의 결정 가능 문제에 대한 답을 준 것보다 오히려 튜링 머신 개념의 창안 자체를 더 중요한 업적으로 보기도 합니다.

튜링은 유년기부터 생명 현상이나 뇌의 문제에 관심이 많았습니다. 인간의 사고 과정을 이해하고자 하는 대담한 꿈을 가졌고, 기계가 그 과정을 모방할 수 있는 단계까지 이를 수 있는지를 연구하고 싶어 했죠. 불과 20대의 청년이던 1930년대에 이미 이론적으로 컴퓨터의 개념을 만들어냈는데요. 당시는 아직 하드웨어적인 컴퓨터가 출현하기 전

---

* 어떤 문제의 해결을 위하여 입력된 자료를 토대로 원하는 출력을 유도해내는 규칙의 집합. 여러 단계의 유한 집합으로 구성되는데, 각 단계는 하나 또는 그 이상의 연산을 필요로 한다.

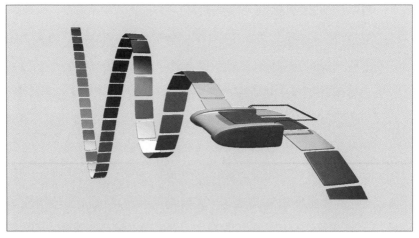

튜링 기계의 작동 방식을 묘사한 그림

이었습니다. 약관의 나이에 그는 튜링 머신이라는 개념을 통하여 인간의 사고 영역에 속하는 문제들을 기계가 수행하는 방식으로 제시한 거예요.

튜링은 또한 체스를 두는 컴퓨터 프로그램도 개발했습니다. 물리학자들이 진공관과 트랜지스터 연구에 성과를 내서 실제로 의미 있는 컴퓨터를 만들어내기 전의 일이지요. 하지만 당시에는 이 프로그램을 돌릴 컴퓨터가 없었거든요. 그래서 사람이 한 수를 두면 알고리즘에 따라 튜링이 다음 수를 계산해내는 가상 프로그램 방식으로 대국을 진행하기도 했습니다.

이제는 대학교에서 전산학을 배우는 학생은 모두 튜링 머신이라는 개념을 배워야 해요. 현대 문명에 끼친 영향을 볼 때 튜링은 그야말로 지성사에 길이 남을 사람임에 틀림없습니다.

생명 현상의 수학적 설명

튜링은 청년기에는 이론 컴퓨터의 개념을 만들어내는 데 몰두했지만, 말년에는 생명 현상을 수학적으로 설명하는 일에 깊이 몰두했어요. 특히 '피보나치(Leonardo Fibonacci, 1170~1250?) 수열'[*] 같이 생명 현상에서 나타나는 수학적 질서의 예에 많은 관심을 가졌습니다. 이 같은 전환의 동기가 무엇인지 분명하게 밝혀진 바는 없지만, 아마도 튜링은 사고의 과정에 대한 관심과 생명 현상에 대한 궁금증을 동일한 범주로 본 게 아닐까 싶습니다.

그는 동물의 표피에 나타난 무늬의 다양성에도 관심을 가졌어요. 그

래서 이것을 수학적으로 설명하고자 시도했습니다. 즉, 점무늬를 가진 치타, 띠무늬를 가진 얼룩말, 무늬가 없는 코끼리처럼 얼핏 혼란스러워 보이는 다양성을 단일한 이론으로 설명하려고 했던 거예요. 다윈의 자연 선택이라는 개념이 거대 원칙의 역할을 할 수는 있겠지만, 튜링은 털 색깔을 결정하는 화학 물질과 억제하는 물질이 있을 거라는 가정 아래 이 두 물질의 반응-확산 방정식을 만들어 다양한 무

레오나르도 피보나치

---

[*] 이탈리아의 수학자. 『주판서(珠板書)』를 지어 아라비아의 산술과 대수학을 유럽에 소개했으며, '피보나치 수열'에 이름이 남아 있다. 피보나치 수열이란 앞의 두 수의 합이 바로 뒤의 수가 되는 수의 배열을 말하는데, 피보나치 수는 0과 1로 시작하며 다음 피보나치 수는 바로 앞의 두 피보나치 수의 합이 된다. 즉, n = 0, 1…에 해당하는 피보나치 수는 0, 1, 1, 2, 3, 5, 8, 13, 21, 34, 55, 89, 144, 233, 377, 610, 987, 1597, 2584, 4181, 6765, 10946… 등이다. 피보나치의 수열은 자연에서 관찰할 수 있는 꽃잎의 수나 해바라기 씨앗의 개수와 일치하고, 앵무조개에서도 찾아볼 수 있다.

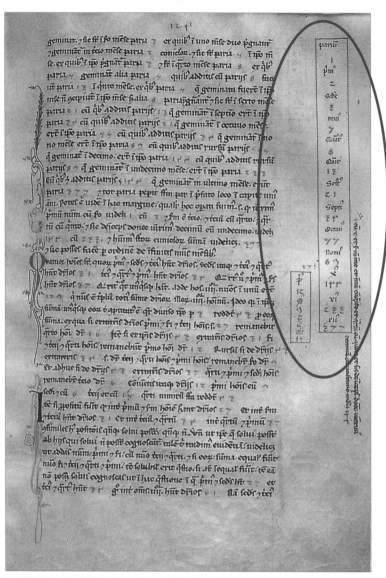

피렌체 국립 도서관에 있는 피보나치 『주판서』의 일부 페이지.
오른쪽 박스 안에 로마 숫자와 인도-아라비아 숫자값으로 표시한 피보나치 수열이 보인다.

뇌를 설명하려고 했습니다. 진화론의 관점으로 본다면, 진화의 구체적인 메커니즘을 수학적으로 설명했다고 할 수 있지요.

이 같은 튜링의 발상은 옥스퍼드의 수학자 제임스 머레이(James Dickson Murray, 1931~)에 의해 구체화되어 반응-확산 방정식(reaction-diffusion equation)*의 해가 태아의 크기에 따라 점무늬나 띠무늬를 만들어낸다는 것이 증명되었습니다. 2006년에는 독일 막스플랑크의 생물학자들과 수학자들의 공동 연구에서 쥐의 털 색깔을 결정하는 화학 물질이 발견되었고, 이 화학 물질에 튜링의 반응-확산 방정식을 적용하여 관찰된 털 색깔을 설명하는 데 성공하지요.

생명 현상에 대한 수학적인 통찰과 접근이 확대된 오늘날, 수리생물학은 이제 현대 수학의 한 분야로 여겨집니다. 또한 현대 수학의 주요 분야인 대수기하학이 계통 발생학의 문제에 사용되면서 이제 통계학적인 개념은 보편적 연구 도구로 자리매김했지요. 인간의 사고 영역으로 간주되던 수학적 정리의 증명도 기계가 할 수 있도록 하는 시도 역시 이루어지고 있고요. '자동 정리 증명(automatic theorem proving)**'이라고 불리는 이 문제는 수리논리학의 계산적 형태로 볼 수 있는 '계산 논리학(computational logic)***'이라는 분야를 만들었고, 이미 시험적인 소프트웨어까

---

* 태아에는 피부 표면 색깔을 만드는 멜라닌 색소의 확산제와 억제제가 있다. 이 둘이 상호 반응하면서 멜라닌 색소가 확산과 억제를 반복하다 보면 무늬가 만들어진다는 것인데, 이런 과정을 표현한 반응-확산방정식을 풀면, 태아의 크기와 같은 초기 조건에 따라 점무늬나 줄무늬가 나오는 것을 설명할 수 있다.

** 어떤 정리가 참이라는 것을 컴퓨터가 동의하게 하는 과정(process of getting a computer to agree)이다. 대상이 되는 정리는 전통적인 수학 영역에 있을 수도 있고, 디지털 컴퓨터 설계처럼 다른 영역일 수도 있다.

*** 논리학을 계산화해서 컴퓨터 프로그램으로 구현하여 논리 명제의 증명을 자동화하는 이론. 이미 프랑스의 꼬끄나 오스트리아의 테오르마 같은 소프트웨어로 구현되었으나, 수치 계산에 비해 계산 시간이 많이 걸려서 복잡한 명제의 증명은 아직 어렵다.

맨체스터 색스빌 파크에 있는 앨런 튜링 기념 동상

지 출현하는 단계에 와 있습니다.

거대한 꿈을 가졌던 천재 수학자 튜링은 안타깝게도 42세 생일을 목전에 남겨두고 이 세상을 떠났어요. 그는 먹다 만 사과와 함께 발견되었는데 사과에는 독약인 청산가리가 발라져 있었다고 합니다. 혹자는 미국의 컴퓨터 회사 애플사의 로고가 튜링의 먹다 만 사과를 의미한다고도 하지만, 확인된 바는 없어요. 동성애자였던 것으로 알려져 있는 그가 자신의 성적 지향에 대한 혼돈과 세상의 핍박을 감당하지 못해서 자살한 것으로 보는 게 일반적이지요. 공식적으로는 자살로 발표되었지만, 음모론에 기반을 둔 다른 설도 있습니다. 튜링에게 화학적 거세라는 치욕을 주어 결국 그의 자살을 야기한 영국 정부는 2009년에 이것이 잘못된 결정임을 인정하고 공식 사과한 바 있지요.

컴퓨터가 비약적인 발전을 거듭하며 인간의 삶의 방식을 바꾸면서 튜링의 업적은 많은 이들에게 알려지고 또한 합당한 인정을 받게 되었습니다. '튜링 어워드'라는 상이 제정된 것도 하나의 예인데요. 이는 전산 과학의 노벨상으로 불립니다. 또한 그의 이름이 붙은 도서관이나 길도 많이 생겨났어요. 그가 더 오래 살면서 대담한 꿈을 펼쳤더라면 인공지능의 문제에 큰 진전을 이루었을 거라는 추측도 있는데요. 그랬더라면 20세기 문명의 지도가 지금과 많이 달라졌을지도 모르겠습니다.

이미테이션 게임

24시간마다 바뀌는 해독이 불가한 암호를 풀고 1,400만 명의 목숨을 구한 천재 수학자 앨런 튜링의 이야기. 영화 〈셜록〉의 주인공으로 국내에도 잘 알려진 베네딕트 컴버배치와 〈비긴 어게인〉의 키이라 나이틀리가 주연을 맡았다.

인류는 매 순간 3명이 죽는다고 하는 역사상 최악의 위기에 처한다. 바로 제2차 세계대전이 발발한 것이다. 독일군이 만든 해독 불가의 암호 '에니그마' 때문에 연합군은 속수무책으로 당하게 되고, 마침내 영국에서는 각 분야의 수재들을 모아 암호 해독팀 '울트라'를 가동하는 기밀 프로젝트에 돌입한다. 천재 수학자 앨런 튜링은 독일군의 암호를 해독할 수 있는 특별한 기계를 발명하지만, 24시간마다 바뀌는 완벽한 암호 체계 때문에 번번이 좌절하는데… 앨런 튜링과 암호 해독팀은 과연 암호를 풀고 전쟁에서 연합군의 승리를 이끌어낼 수 있을까?

영화 〈이미테이션 게임〉 포스터

My life seemed to be a series of events and accidents.
Yet when I look back I see a pattern.
각종 사건과 사고의 연속으로 보이는 우리 인생에도
돌이켜보면 어떤 패턴이 있습니다.

브누아
망델브로

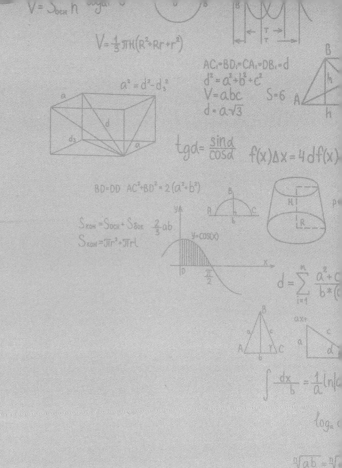

$V = S_{осн} h$

$V = \frac{1}{3}\pi H(R^2 + Rr + r^2)$

$AC_1 = BD_1 = CA_1 = DB_1 = d$
$d^2 = a^2 + b^2 + c^2$
$V = abc \qquad S = 6$
$d = a\sqrt{3}$

$a^2 = d^2 - d_1^2$

$tg\alpha = \dfrac{\sin\alpha}{\cos\alpha}$ \qquad $f(x)\Delta x = 4 d f(x)$

$BD = DD \quad AC^2 + BD^2 = 2(a^2 + b^2)$

$S_{кон} = S_{осн} + S_{бок} \quad \frac{2}{3}ab$
$S_{кон} = \pi r^2 + \pi r l$

$y = \cos(x)$

$d = \sum\limits_{i=1}^{n} \dfrac{a^2 + C}{b * (}$

$\int \dfrac{dx}{b} = \dfrac{1}{a}\ln|$

$\log_a$

$\sqrt[n]{ab} = \sqrt[n]{}$
$\log_{ab} =$

깨진 조각으로 질서를 만들어낸 프랙탈의 대부

지적 호기심에 이끌린 수학계의 이단아

브누아 망델브로(Benoit Mandelbrot, 1924~2010)는 '거칠음의 미학(art of roughness)'을 수학으로 구현한 사람입니다. 그의 프랙탈 이론은 '거칠음의 이론'으로 불리기도 하죠. 폴란드 바르샤바 태생이지만, 나치의 유대인 탄압이 심해지자 가족과 함께 1936년에 조국을 떠나 프랑스 파리로 거처를 옮기는데요. 그곳에서 어린 망델브로는 저명한 수학자였던 외삼촌 숄렘(Szolem Mandelbrojt, 1899~1983)에게 수학을 배웠습니다. 제2차 세계대전이 발발했을 때 가족은 다시 툴로 떠나지만 1944년에 파리로 돌아왔고, 그 이후 망델브로는 평생의 대부분을 미국과 프랑스에서 보냅니다.

망델브로는 35년간 IBM에서 연구원으로 일하다가 63세에 예일 대학의 교수가 되었습니다. 75세에 종신 교수(tenure)직을 받아 예일 대학 역사상 가장 늦은 나이에 종신 교수직을 받은 기록도 가지고 있습니다. 지적 호기심이 유난했던 그는 정보 이론, 경제학, 유체역학, 기하학 등 수많은 이질적인 분야를 넘나들었는데요. 자신이 관여했던 다양한 분야마다 파격적인 아이디어로 기존 사고의 한계를 넘어서며

솔렘 망델브로

큰 영향을 미쳤습니다. 사회과학과 정보통신 분야까지 심대한 영향을 미쳤던 '혼돈 이론'과 '복잡계 이론' 등 그 업적의 연결 고리도 매우 방대하지요.

망델브로는 흔히 '프랙털의 대부'로 불립니다. 그는 '깨진 조각'이라는 뜻의 라틴어 'fractus'에서 유래한 프랙털(fractal) 개념을 제안하며, 불규칙적이고 혼란스러운 현상의 배후에 있는 규칙에 관해 논했습니다. 하지만 망델브로는 초기에 작은 일탈 현상을 과장한다는 비난에 시달려야 했어요. 따라서 전통적인 기하학과 상당히 다른 프랙털 기하학이 우여곡절을 겪으며 수학 분야에서 주류가 되는 데에는 상당한 시간이 필요했습니다. 또한 당대의 주류 수학과 동떨어져서 자신만의 통찰에 의지해 주요 업적을 이룬 망델브로는 20세기 수학의 이단아로 불리기도 했고요.

결국 그의 업적은 혼란과 질서의 경계를 허물었을 뿐 아니라 수학은 물론 경제학·물리학·정보과학·생물학·디지털 아트 등에 이르기까지

심대한 영향을 미쳤습니다. 저명한 작가인 탈렙(Nassim Nicholas Taleb, 1960~)*은 그를 "역사상 인류에게 가장 큰 영향을 끼친 과학자"라고 칭하며 심지어 "뉴턴조차도 망델브로의 다음에 온다"라고 말했을 정도입니다. 망델브로의 저서인 『시장의 행동』을 가리켜서 역사상 인쇄된 금융 관련 책 중에서 가장 깊이 있고 가장 현실적인 책이라고도 했지요. 실제로 망델브로가 만든 프랙털이란 단어는 이제 일상어가 되어 수많은 곳에서 사용되고 있습니다.

"구름은 동그랗지 않고, 산은 원뿔 모양이 아니며, 해안선은 원형이 아니고, 나무껍질은 부드럽지 않고, 번개는 직선으로 움직이지 않는

'망델브로 집합'을 설명하는 브누아 망델브로(2006)

---

* 무작위성과 확률론에 지대한 관심을 가진 금융 투자가이자 베스트셀러 작가. 그의 2007년 책인 『블랙스완』은 36주 동안 뉴욕 타임스 베스트셀링 도서 리스트에 올랐으며, 영국신문 〈선데이 타임스〉는 이 책을 제2차 세계대전 후에 가장 영향력 있는 12권의 책 목록에 올렸다.

다." 마치 어느 고승의 설법 같지 않나요? 하지만 이 말은 망델브로의 유명한 저서 『자연속의 프랙털 기하학』에 나오는 말입니다. 전통적인 유클리드 기하학에 매여서 프랙털의 혼란스러움을 거부하던 비판자들에게 망델브로는 "불규칙과 무질서가 자연의 본질에 더 가깝다"라고 이야기한 것입니다.

불규칙의 규칙성

그의 최대 업적인 프랙털 개념은 「영국의 해안선은 얼마나 길까?」(1967)라는 논문에서 출발한 것입니다. 망델브로는 이 논문에서 프랙털과 차원에 대해 흥미로운 수학 이론을 제시해요. 그에 따르면 영국의 해안선 길이는 아무리 정교하게 계산한다 할지라도 누구도 정확한 답을 알 수 없다고 합니다. 계산이 세밀해질수록, 즉 측정 단위가 작아질수

차가운 컵 표면에 맺힌 서리

록 해안선의 길이는 더욱더 커진다는 것이었어요.

망델브로의 통찰력은 겨울나무에 있는 눈꽃(snowflake) 모양, 금융시장의 불규칙한 가격 변동, 구불거리는 해안선을 하나의 수학 이론으로 설명하는 데에서 빛을 발했습니다. 그는 이러한 다양한 현상에서 공통점을 간파했는데요. 바로 아무리 확대해서 들여다보아도 같은 모양이 되풀이된다는 점이었습니다. 예컨대 눈꽃을 돋보기로 확대해서 보면 그 안에 다시 같은 모양의 작은 눈꽃이 보입니다. 그런데 이것을 또 확대해서 보면 그 안에 다시 같은 모양의 작은 눈꽃이 보이는 거예요. 하늘에서 찍은 해안선의 사진도 마찬가지예요. 확대해서 보면 원래의 모습과 다를 바 없어 보입니다. 더 확대해도 여전히 불규칙한 모양인 것은 변함없지만 그 불규칙함이 규칙적으로 반복되는 순환성을 보여주는 거예요. 불규칙의 규칙성, 이것이 바로 프랙털의 대표적인 예입니다.

인체의 혈관도 마찬가지예요. 큰 혈관으로 대동맥이 있고, 이 혈관은 좀 더 작은 혈관으로 갈라집니다. 그리고 이 혈관들을 다시 확대해서 보면 큰 혈관에서 작은 혈관으로 갈라지는 구조가 계속해서 반복되는 프랙털 구조를 띠지요. 우리 뇌의 주름도 계속 확대해나가면 같은 구조가 반복돼서 나타나는 프랙털 구조를 갖습니다. 이처럼 확대를 거듭해도 비슷한 모양이 나오는 프랙털의 성질을 '자기 유사성(self-similarity)' 혹은 '자기 반복성'이라고 합니다.

그런데 왜 인체의 혈관이나 뇌의 주름은 이런 반복성을 띠는 걸까요? 이유는 짐작보다 단순합니다. 몸속의 피는 우리 몸 구석구석의 세포에 영양분을 공급해야 하는데, 인체에 그냥 몇 개의 큰 혈관만 있

하늘에서 촬영한 해안선

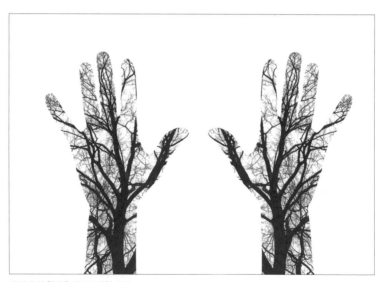

사람 손의 혈관을 클로즈업한 사진

프랙털 아트

는 구조라면 아주 작은 세포들까지 영양분이 공급되지 못할 것입니다. 큰 혈관으로 영양분이 전달되고, 그다음에 작은 혈관으로 가고, 그다음에 더 작은 혈관으로 가서 실제 세포까지 가야 하는데요. 그래서 혈관의 총 길이를 합하면 몇 킬로미터가 넘고, 혈관은 길이가 최대한 길어지는 프랙털 구조의 두드러진 특징을 갖는 것입니다.

해안선도 마찬가지예요. 남해안 해안선의 일부분을 보면 어떤 한 점 A와 또 다른 한 점 B의 직선거리는 5km이지만 구불구불한 길이까지 다 합치면 1,000km가 넘는다고 합니다. 이처럼 해안선이 프랙털 구조를 띠면서 물이 닿는 면이 굉장히 넓어지고 물의 힘이 분산되는 해안선의 고유 기능을 수행하게 된 것이지요.

프랙털 구조는 작은 길이를 굉장히 큰 길이가 되도록 하는, 어떻게 보면 거의 유일한 방법으로 볼 수 있습니다. 한정된 공간 속에 들어가 있는 우리의 뇌도 아주 많은 뇌세포를 자그마한 공간 속에 구겨 넣으려다 보니 프랙털 구조를 갖게 된 것으로 볼 수 있고요. 이 같은 '자기 유사성'은 실험 예술에도 자주 등장합니다. 디지털 아트(digital art)에 자주 나오는 프랙털 아트가 이제는 새로운 예술 분야로 자리 잡게 된 배경입니다.

자기 반복성의 정도를 측정하는 프랙털 차원

'선은 1차원, 면은 2차원'이라는 '차원 개념'은 이제 많은 이들에게 익숙합니다. 그렇다면 혹시 1.6차원 같은 것도 존재할까요? 4차원 이야기만 나와도 정신이 혼미해지는 판인데 1.6차원이라니요! 그런데 잠시 생각해봅시다. 2차원의 사각형에서 선의 길이를 두 배로 늘이면 뭐가 나오죠? 예, 네 개의 사각형이 생깁니다. 그럼 3차원에서는요? 그렇지요, 8개의 정육면체가 생기지요. 이 현상에 착안하여 프랙털을 확대할 때 반복되는 정도를 차원으로 보면 1.6차원 같은 이상한 차원이 나올 수 있습니다. 즉, 프랙털 차원이란 자기 반복성의 정도를 말하는 것입니다.

그래서 지리학자들은 해안선이 복잡한 서해안의 프랙털 차원이 동해안보다 높다고 하고, 기상학자들은 뭉게구름이 1.35차원쯤이라 하고, 의학자들은 인간 뇌의 주름이 2.72차원이라고 말하는 것입니다. 뇌의 큰 주름을 들여다보면 다시 작은 주름이 계속되는 프랙털 구조인데요. 뇌의 주름이 뭉게구름보다 자기 반복성의 정도가 훨씬 더 높다는 이야기지요. 적은 공간에 많은 뇌세포를 배치하려는 자연의 노력이 만들어낸 조화는 참으로 오묘해서 프랙털 차원이 높은 혈관 구조를 가진 사람은 영양분이 인체 요소에 전달되기 쉬운 건강 체질로 볼 수 있습니다.

컴퓨터의 도움으로 얻은 새로운 통찰

망델브로가 프랙털 연구를 진행하던 시대는 아직 컴퓨터가 본격적으로 수학 연구에 활용되기 전이었어요. 당시 IBM 연구소에 근무하던 그는 컴퓨터를 활용해 새로운 통찰을 얻는 연구 방법론을 선구적으로 도입했습니다. 1979년 망델브로는 잠시 하버드 대학에 머무르고 있었는데요. 여기에서 복소 함수론을 사용하여 엄밀하게 구축된 유명한 프랙털인 '망델브로 집합'을 발견합니다. 당시 그가 붙들고 있던 연구 주제는 x와 c가 둘 다 복소수인 'x^2+c'라는 함수였는데요. 그는 슈퍼미니 컴퓨터로 프로그래밍해서 이 함수의 기하학적 모양을 살펴보다가 풍뎅이처럼 보이는 독특한 모양을 얻습니다. 그런데 신기한 것은 그 풍뎅이 그림에 포함된 얼룩을 확대해서 보았더니 같은 형태의 풍뎅이 그림이 나타났다는 점이었어요. 부분이 전체를 닮은, 즉 자기 유사성이 반복되어 나타나는 구조였지요.

그런데 c를 조금 바꾸면 전혀 다른 결과가 나타나기 때문에 시작할 때의 미미한 차이가 종국에는 전혀 다른 결과를 만들어낼 수 있다는 '혼돈 이론(chaos theory)'의 구체적인 실례로 볼 수도 있습니다.

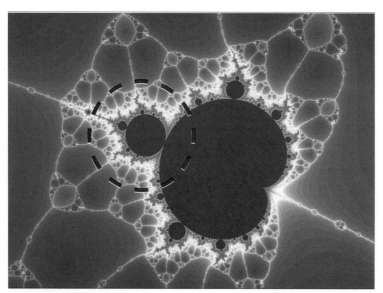

망델브로 집합

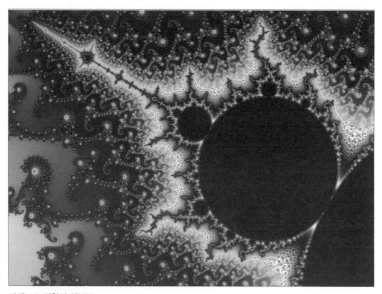

망델브로 집합의 일부분

나비효과

애쉬튼 커쳐가 주연했던 영화이다. 나비의 단순한 날갯짓이 날씨를 변화시킨다는 기상학 이론에서 유래된 제목으로 '나비효과 (butterfly effect)'란 혼돈 이론에서 초기 값의 미세한 차이에 의해 결과가 완전히 달라지는 현상을 뜻한다. 영화 〈나비효과〉도 "작은 차이가 나중에 파국의 유무를 바꾼다"라는 혼돈 이론을 스릴러로 만든 것이다.

〈나비효과〉는 어린 시절의 끔찍한 상처 때문에 정신과 치료를 받고 있는 에반이 그동안 꼼꼼하게 써왔던 일기를 꺼내 읽다가 시공간 이동의 통로를 발견하게 되면서 벌어지는 일들을 그린 것이다. 에반은 이 통로를 이용해 과거를 넘나들면서 미치도록 지워 버리고 싶은 기억, 사랑하는 친구들에게 닥친 끔찍한 불행들을 고쳐 나가지만, 과거를 바꿀수록 더욱 충격적인 현실만이 그를 기다린다.

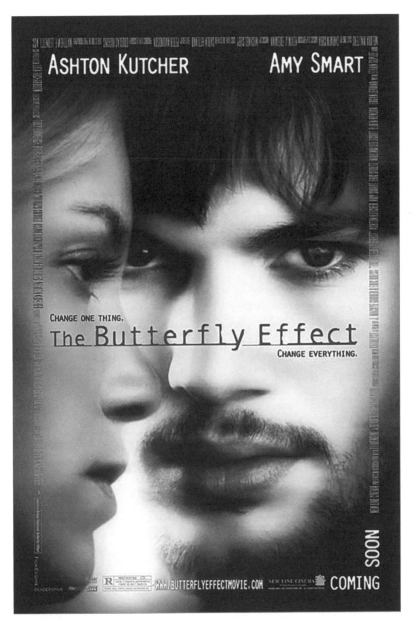

영화 〈나비효과〉 포스터

The scientist does not study nature because it is useful to do so.
He studies it because he takes pleasure in it, and he takes pleasure in it
because it is beautiful.

과학자들이 자연을 연구하는 이유는 (자연이) 유용해서가 아니라 연구가 즐겁기
때문이며, 연구가 즐거운 이유는 자연이 아름답기 때문이다.

앙리
푸앵카레

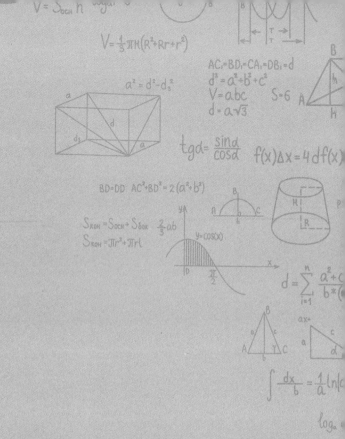

$V = S_{осн} h$

$V = \frac{1}{3}\pi H(R^2 + Rr + r^2)$

$a^2 = d^2 - d_1^2$

$AC_1 = BD_1 = CA_1 = DB_1 = d$
$d^2 = a^2 + b^2 + c^2$
$V = abc \qquad S = 6$
$d = a\sqrt{3}$

$tg\alpha = \dfrac{\sin\alpha}{\cos\alpha}$ $\qquad f(x)\Delta x = 4df(x)$

$BD = DD \quad AC^2 + BD^2 = 2(a^2 + b^2)$

$S_{кон} = S_{осн} + S_{бок} \quad \frac{2}{3}ab$
$S_{кон} = \pi r^2 + \pi r l$

$y = \cos(x)$

$d = \sum\limits_{i=1}^{n} \dfrac{a^2 + c}{b * (}$

$\int \dfrac{dx}{b} = \dfrac{1}{a}\ln|a$

$\log_a$

$\sqrt[n]{ab} = \sqrt[n]{}$
$\log_{10}b =$

수학과 물리학에 통달했던
20세기 마지막 보편주의자

나는 전설이다

앙리 푸앵카레(Henri Poincaré)는 1854년 프랑스 낭시에서 태어나 1912년 58세의 나이로 타계한 전설적인 수학자입니다. 그칠 줄 모르는 지적 호기심과 사고 능력으로 동시대 수학의 모든 분야에 통달했다고 해서 흔히 그를 '마지막 보편주의자(the last universalist)'라고 부르지요. '마지막' 이라는 표현엔 "이제 더 이상 그런 유례를 찾아보기 힘들다"라고 하는 탄식의 의미가 포함되어 있습니다.

푸앵카레는 20세기 내내 많은 수학자들을 괴롭힌 위상수학 문제 하나를 남겼는데요. '푸앵카레 추론'이라고 불리는 이 문제는 20세기 내

내 수학의 난제 중의 난제로 꼽혔습니다. 이와
관련한 연구로 3개의 필즈상이 수여되는 진기
록도 남겼고요.

푸앵카레는 물리학과 공학에 큰 족적을 남
겼고, 과학철학 분야에서도 성취를 이루었습
니다. 그는 또한 뛰어난 문학적 재능까지 겸비
하여 수학과 과학을 전문가의 영역을 넘어서
일반인들에게 소개하고 소통하고자 하는 작
업에서도 발군의 능력을 발휘했습니다. 대중

젊은 시절의 앙리 푸앵카레

강연을 활발히 하는 한편 대중적인 저술도 다수 남겼지요.

수학과 물리학의 모든 분야에 통달한 수학자

그를 유럽 수학계에서 주목받게 했던 첫 연구 결과는 '동형사상(automorphic
functions)'에 관한 것입니다. 이로써 그는 27세의 나이에 파리 소르본 대학
의 교수로 임용되었고, 또한 겸직으로 15년간 고등사범(Ecole Polytechnique)에
서 해석학 강의를 맡게 됩니다. 연이어 미분 방정식을 풀지 않고서도 중
요한 성질을 추론해내는 '질적 분석 이론'을 창안, 이를 천체 역학 및
수리물리학 등에 적용해서 놀라운 성공을 거둡니다. 뿐만이 아니에
요. 대수적 위상수학을 창안했고, 정수론과 대수기하에 큰 업적을 남
겼으며, 미분방정식과 복소 해석 등에도 엄청난 족적을 남겼지요.

푸앵카레는 아인슈타인보다 먼저 상대성 이론을 이해하고 주요 개
념을 창안했던 것으로 간주됩니다. 그가 쓴 논문 도처에서 로렌츠 변

환 등 상대성 이론의 주요 개념이 등장할 뿐만 아니라 이를 전자기학 등에 응용했던 바를 관찰할 수 있거든요.

한편 일각에서는 그를 '혼돈 이론(chaos theory)'의 창시자로 보기도 합니다. 당시 스웨덴 국왕이 큰 상금을 내걸고 해결을 촉구했던 '3체의 운동 문제(three-body problem)'에 혼돈적 결정이라는 물리학적 개념을 창안하여 새로운 통찰을 제공했는데요. 이것이 혼돈 이론으로 발전되었다고 보기 때문입니다.

당시 프랑스에서 존경받던 직업인 광산 개발 기술자이기도 했던 그는 나중에 국립 광산 개발국의 총책임자가 되기도 했어요. 또한 국제적인 시간의 규격을 정하고 국가별 시차 등을 정하는 작업에도 크게 기여했습니다. 나아가 평생 500여 편의 논문과 30여 편의 저서를 남기면서 현대 수학 전반의 흐름에 지대한 영향을 끼쳤으니, 푸앵카레는 진정한 보편가(universalist)임에 틀림없습니다.

과학의 대중화에 열정을 바치다

푸앵카레는 어려서부터 뛰어난 문학적 재능을 보였습니다. 수학이나 자연과학을 하는 사람들에게서 찾아보기 힘든 재능이지요. 따라서 그는 수학자로 명성을 얻은 뒤에는 과학과 수학의 의미와 중요성을 일반 대중에게 더 쉽고 친절하게 설명해주기 위해 노력했는데요. 과학철학에 관심이 컸던 푸앵카레는 『과학과 가설』(1903), 『과학의 가치』(1905), 『과학과 방법』(1908) 등의 책을 썼습니다. 모두 비전문가들에게 폭넓게 읽혔고, 여러 언어로 번역되기도 했지요. 그가 파리 심리학회에서 한 과학철학 강연은 지금까지도 사람들 입에 오르내릴 만큼 유명합니다.

직관주의자(直觀主義者)*에 가까웠던 그는 수학을 논리학 또는 언어의 측면으로 보았던 러셀의 시각에 동의하지 않았어요. 오히려 수학적 발견과 창조의 심리 상태를 탐구하는 한편 인간의 잠재의식을 중요하게 여겼습니다. "어떤 수학적 결론은 선험적이며 논리학과 무관하다"라고 주장했다는 점에서 그를 근대 직관주의학파의 선구자로 볼 수 있는데요. 이는 독일 철학자 칸트(Immanuel Kant, 1724~1804)**의 견해에 한층 가까운 것입니다. 푸앵카레는 이러한 과학적 업적과 대중화 노력을 인정받아 1906년 과학 아카데미 회장으로 선출되었고, 1908년 프랑스 학술원 회원이 되었습니다.

과학 대중화에 앞장선 푸앵카레

마리 퀴리와 이야기를 나누는 푸앵카레

이마누엘 칸트

---

* 형식 논리적인 공리주의에 반대하여 직관을 수학의 필연적인 발전 형식이라고 주장하는 주의를 말한다.

** 독일의 철학자. 경험주의와 합리주의를 통합하는 입장에서 인식의 성립 조건과 한계를 확정하고, 형이상학적 현실을 비판하여 비판철학을 확립했다. 저서로 『순수 이성 비판』, 『실천 이성 비판』, 『판단력 비판』, 『영구 평화론』 등이 있다.

1634년에 세워진 아카데미 프랑세즈(파리)

필즈상을 세 개 배출한 푸앵카레 추론

푸앵카레는 '대수적 위상수학(algebraic topology)'이라는 수학 분야를 창시하여 연구하면서 20세기 내내 수학자들을 괴롭힌 문제 하나를 남겼어요. 이를 '푸앵카레 추론'이라고 부릅니다. 이 문제는 20세기를 거치는 동안 수학의 난제 중의 난제로 꼽히게 되었고, 많은 수학자들의 숱한 도전을 받았는데요. 새 천 년이 시작되던 2000년에 미국 클레이 재단이 선정하여 각 백만 달러의 상금을 걸고 발표했던 일곱 가지 '세기의 수학 문제(millenium problems)'*** 중 하나에 속합니다.

푸앵카레 추론을 간단하게 설명해보겠습니다. 우선 보통의 3차원

*** '밀레니엄 문제'는 다음과 같다: P-NP 문제, 호지 추측, 푸앵카레 추론(해결), 리만 가설, 양-밀스 질량 간극 가설, 나비에-스토크스 방정식, 버치-스위너턴다이어 추측

개미가 풍선 위를 기어가고 있다.

도넛 위를 기어가는 개미

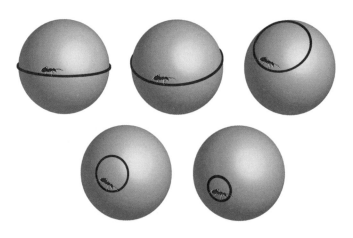

경계가 없는 2차원 매니폴드

공간에 있는 구(球)를 떠올리세요. 풍선을 생각하면 되겠네요. 아이 하나가 풍선을 들고 있어요. 그런데 개미 한 마리가 그 위를 기어가고 있습니다. 개미에게는 자신이 기어가고 있는 풍선의 표면이 보통의 2차원 평면과 다름없어요. 개미는 전체를 다 볼 수 없고 오직 자신이 기어가고 있는 면만 보니까요. 수학자들은 이를 "국지적으로 2차원 평면"이라는 말로 표현합니다. 자, 이번에는 다른 장면을 상상해봅시다. 먹음직스럽게 보이는 도넛 위를 개미가 기어가고 있어요. 풍선에서 도넛으로 바뀌긴 했어도 개미에게는 이 역시 2차원 평면으로 보일 겁니다. 별로 차이가 없는 거예요. 그러니까 풍선과 도넛은 국지적으로는 다를 게 없어요. 수학자들의 표현에 의하면 둘 다 '2차원 매니폴드(manifold)'*일 따름입니다. 종잇조각 같은 2차원 매니폴드에는 경계선이 있지만, 풍선이나 도넛은 경계가 없는 2차원 매니폴드이지요. 그런데 이 둘에는 근본적인 차이가 있습니다.

옆의 그림에서 보이는 것처럼 풍선 표면에 동그란 루프를 그리면 조금씩 연속해서 점으로 오그라트릴 수 있는데 반해서 도넛에는 점으로 오그라트릴 수 없는 루프를 적어도 두 가지 방법으로 그릴 수 있습니다. 끈을 도넛 구멍에 넣은 뒤에 묶어서 도넛을 매다는 장면을 연상하면 이해될 거예요. 도넛의 구멍 둘레로 루프를 그리면 또 다른 게 나옵니다. 그렇다면 임의의 루프를 점으로 오그라트릴 수 있는 경계선 없는 2차원 매니폴드가 2차원 구 말고 또 있을까요? 2차원 구를 눌러서 변형한 것을 모두 2차원 구로 본다면 "이러한 '단순 연결'의 성질

---

* 위상수학과 기하학에서 말하는 다양체(多樣體). 국소적으로 유클리드 공간과 닮은 위상 공간이다. 즉, 국소적으로는 유클리드 공간과 구별할 수 없으나 대역적으로 독특한 위상수학적 구조를 가질 수 있다.

을 가진 2차원 매니폴드는 구밖에 없다"가 답이고, 이는 그리 어렵지 않게 증명할 수 있습니다. 하지만 푸앵카레의 진짜 질문은 "그다음 차원에서는 어떤가?" 하는 것입니다. 즉, "4차원에 놓여 있는 3차원 구도 이런 유일성을 갖는가?"라는 질문인데요. 불행하게도 4차원을 그림으로 그리기는 매우 어려운 일이므로 쉽게 연상하기도 힘들겠지요? 자, 그렇다면 이 질문에 답하여 필즈상을 받은 인물들은 과연 누구일까요? 상상하기도 어려운 문제에 답까지 찾아내다니, 정말 대단한 학자들이죠?

1961년, 미국의 수학자 스메일(Stephan Smale, 1930~)은 5차원 이상의 구가 이런 성질을 갖는다는 것을 증명해서 1966년 필즈상을 받았는데요. 쉬운 증명이 아니었음이 분명해 보입니다. 또한 1982년에는 프리드먼(Michael Freedman, 1951~)이 4차원 구의 경우를 증명해서 1986년 필즈상을 수상했고요. 푸앵카레 추론과 관련된 세 번째 필즈상은 러시아의 그리고리 페렐만(Grigori Perelman, 1966~)에게 돌아갔습니다. 그는 원래 푸앵카레가 알고 싶어 했던 3차원 구의 문제를 해결했으므로 진정한 푸앵카레 추론의 해결자라 볼 수 있겠지요. 필즈상을 세 명이나 배출한 것을 보면 푸앵카레 추론이 수많은 학자들을 괴롭힌 게 틀림없나 봅니다.

그런데 '은둔의 수학자'라 불리는 페렐만은 2006년에 그에게 수여되었던 필즈상을 거부하여 일대 파란을 일으켰는데요. 2006년 마드리드 세계수학자대회 개막식에서 네 명의 필즈상 수상자가 깜짝 발표되면서 페렐만이 수상을 거부했다는 사실도 알려진 것입니다. 저도 당시 개막식장에 앉아 있었는데 참석자들이 충격을 받던 모습이 생생하게 떠오릅니다. 그는 결국 그 뒤에 클레이 재단이 수여하기로 결정한 백만 달러의 상금도 거부했습니다.

페렐만의 은둔 생활과 기행 때문에 사람들은 수학자들이 외부와의 교류나 협력 없이 혼자 연구하는 것으로 생각할 수도 있는데요. 이는 명백히 오해입니다. 페렐만의 증명 역시 독방에서 이루어진 깜짝 업적이 아니거든요. 이 사실은 그의 연구 내용을 보면 분명해집니다. 미국 수학자 해밀턴(Richard Hamilton)은 '리치 플로우(Ricci flow)'[*]의 개념을 도입하여 푸앵카레 추론의 특별한 경우들을 증명한 바 있는데요. 이는

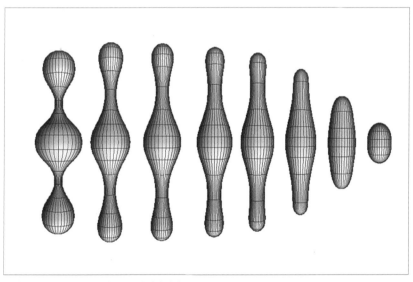

2차원 마니폴드에 구현된 리치 플로우의 여러 단계

---

[*] 금속에 열을 가하면 열이 확산되며 흩어지는데, 이 과정에서 국지적 차이가 적어지고 전체적으로 균일해지는 방향으로 움직인다. 이와 유사한 기하학적 변형 과정을 '리치 플로우'라고 한다. 텐서 캘큘러스 연구를 한 이탈리아 수학자 Gregorio Ricci-Curbastro(1853~1925)의 이름에서 유래한다.

몽파르나스 묘지에 있는 푸앵카레 일가의 묘지

페렐만에게 결정적인 영향을 주었습니다.

불행하게도 해밀턴이나 다른 수학자들이 페렐만의 업적에 큰 관심을 보이지 않은 듯하고, 이로 인해 그가 마음의 상처를 받아서 은둔벽이 더 심해진 듯하다는 이야기도 있습니다. 하지만 페렐만의 주요 업적은 그가 관련 분야의 전문가들과 교류하고 영향을 받던 시절에 이루어진 것임에 주목해야 해요. 우리 수학자들이 연구에만 정진하는 게 아니라 학술 대회를 조직하는 등 다른 이들의 생각과 업적에 끊임없이 관심을 가져야 하는 이유이기도 합니다.

My algebraic methods are really methods of working and thinking: that is why they have crept in everywhere anonymously.

내가 사용하는 수학적 방법은

사실은 내가 작동하고 생각하는 방식이어서

내 삶의 온갖 곳에 슬그머니 나타나곤 했다.

에미 뇌터

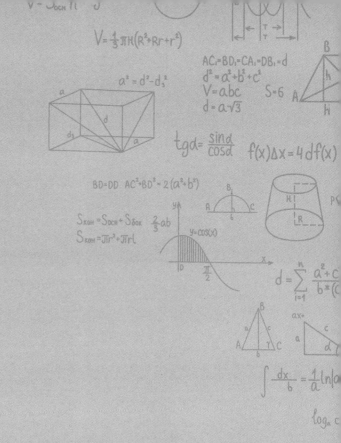

역사상 가장 위대한 여성 수학자

마리 퀴리와 어깨를 나란히 하다

에미 뇌터(Emmy Noether)는 1882년 독일 에를랑겐에서 태어나 1935년 미국 브린모어에서 타계한 수학자입니다. 그녀는 현대 대수학의 건설에 지대하게 공헌했고, 에너지 보존법칙과 같은 물리법칙을 수학적 대칭성으로 설명하는 업적을 남겨 현대 물리학에도 족적을 남긴 위대한 인물입니다.

여성의 대학 입학을 허용하지 않았던 독일의 교육 체계 아래서 그녀는 각고의 노력 끝에 수학자의 꿈을 이루었고 당대 최고의 수학자로 불렸지만 독일에서 정교수의 직위를 얻지는 못했습니다. 단지 여성

뇌터가 태어나고 자란 남부 독일 에를랑겐의 모습(1916년경)

이라는 이유로요. 하지만 당시 학자들은 그녀를 가리켜 "지구상에 존재하는 가장 위대한 여성 수학자일 뿐만 아니라 아마도 가장 위대한 여성 과학자일 것이며, 퀴리 부인과 동격인 인물"이라고 말했습니다.

늦게 피어난 꽃

뇌터의 수학적 재능은 일찍 발현되지 못했어요. 실제로 그녀가 이룬 최고의 업적들 모두가 40세 이후의 것이며, 학문적 절정기는 더 늦은 50세 때였습니다. 수학 분야에서 이루어진 대부분의 주요 성취 사례들이 학자 나이 20대 후반이나 30대 초반이었다는 점을 감안한다면 뇌터의 경우는 분명 이례적이지요. 하지만 수학 교사를 하다가 40세

카를 바이어슈트라스

이후에 수학 연구를 시작하여 위대한 수학자의 반열에 오른 바이어슈트라스(Karl Weierstrass, 1815~1897) 같은 사람도 있으니, 이 같은 만학의 사례가 아예 없는 건 아닙니다.

뇌터의 재능이 늦게 발현된 것은 여성이라는 이유로 교육과 연구에서 배제되던 당시 독일 사회체제의 모순에 기인한 바가 큽니다. 1860년대에서 1880년대를 거치면서 프랑스 ⇨ 영국 ⇨ 이탈리아 순으로 여성의 대학 입학이 가능해졌지만 독일 대학들은 1900년까지도 여성 불가의 원칙을 고수했거든요. 그나마 에미 뇌터는 아버지인 막스 뇌터가 에를랑겐 대학의 수학 교수였던 덕에 수학을 일찍 접할 수 있었지만 그래도 대학 입학만큼은 불가능했습니다. 따라서 우선은 에를랑겐 대학과 괴팅겐 대학의 청강생 신분에 만족해야 했어요.

그러던 중 여성의 대학 입학이 허용되자 뇌터는 1904년 에를랑겐 대학에 정식으로 재입학합니다. 그리고 폴 고든의 지도하에 불변 이론에 대한 논문으로 박사학위를 받은 뒤 7년간 대학에서 강의를 하지요. 이 기간 중 이루어진 연구가 힐베르트와 클라인의 주목을 받게 되고, 1915년에 뇌터는 그들의 초청으로 괴팅겐 대학에서 연구하게 됩니다. 하지만 당시 독일의 시스템에서는 여교수의 정식 임용이 불가능했기에 뇌터는 하는 수없이 무급으로 강의와 연구를 병행했는데요. 가족의 재정 지원에 의존할 수밖에 없었던 탓에 그녀는 늘 절약하며 생활했고, 그 습관이 평생 이어졌다고 합니다. 당시 그녀의 강사 임명을

에미 뇌터와 3형제 알프레드, 프리츠, 로버트. 1918년 전의 모습이다.

주장했던 힐베르트는 지금도 회자되는 유명한 발언을 남겼는데요. 바로 "성별 차이로 강사 임용을 결정하다니. 이곳은 대학이지 목욕탕이 아니지 않소?"라는 따끔한 일침이었지요.

이러한 독일 대학에서의 성차별 관행은 제1차 세계대전이 끝나면서 상당히 완화되었습니다. 1919년, 그녀는 마침내 전임 교수가 되는 데 필요한 학위(Habilitation)를 받게 되는데요. 여전히 전임 임용은 불가능한 상황이었지만, 그나마 비전임 부교수로서 강의료를 받게 됩니다. 연구 환경이 조금이나마 개선되자 그녀의 연구 업적도 새로운 단계로 들어서지요. 1928년 볼로냐 세계수학자대회(ICM)에서는 초청 강연자로, 1932년 취리히 세계수학자대회에서는 기조 강연자로 초청되어 학자로서의 성취가 정점에 다다르게 되었고, 세계 수학계에서의 위상도 공고해졌거든요.

현대 대수학의 토대를 다지다

뇌터의 초기 연구는 불변 이론의 알고리즘적 측면에 관한 것이었습니다. 학위 취득이 늦어진 데다 수학적 교류마저 제한을 많이 받았던 그녀에겐 당시 수학의 주요 흐름을 접하는 일이 쉽지 않았어요. 하지만 뇌터는 에를랑겐에서 무급으로 강의하던 시절 신임 교수로 부임한 피셔(Ernst Fisher)를 통해 불변 이론에 대한 힐베르트의 추상적 접근을 접하게 됩니다. 그리고 이에 크게 감동받아 관련 연구를 시작하게 되지요. 이를 바탕으로 후일 그녀는 추상적이고 공리적인 20세기 대수학의 건설에 크게 기여하게 됩니다. 젊은 수학자에게 연구의 조류와 새로운 사고의 틀을 이해하기 위한 여행이나 타 연구자와의 교류가 얼마나 중요한지 알 수 있게 해주는 사례인데요. 실험 학문 분야의 실험실만큼이나 수학자에게 학회 참석 등 연구 교류가 중요한 이유, 수학자라는 직업이 가장 여행을 많이 하는 직업에 속하게 된 배경 등을 이해할 수 있는 대목입니다.

서른아홉의 나이에 발표한 논문에서부터 그녀는 스스로의 독창성을 과감하게 표현하며 현대 수학의 흐름에 주요하게 기여하기 시작합니다. 이때부터 그녀는 '환의 아이디얼 이론(theory of ideals in rings)'을 정립하고 유한 생성되는 환의 개념을 체계화해요. 이는 후에 '뇌터 환(Noetherian ring)'이라고 불리면서 20세기 수학의 발전에 지대한 영향을 끼친 주요 개념으로 확고하게 자리 잡아요. 자기의 이름을 딴 개념이 교과서에 실리는 경지에 오른 것입니다.

뇌터는 종종 강의실에서 학생들과 정력적으로 토론하곤 했는데요. 주요 업적 중 상당수가 이 같은 과정에서 만들어졌다고 합니다. 그녀

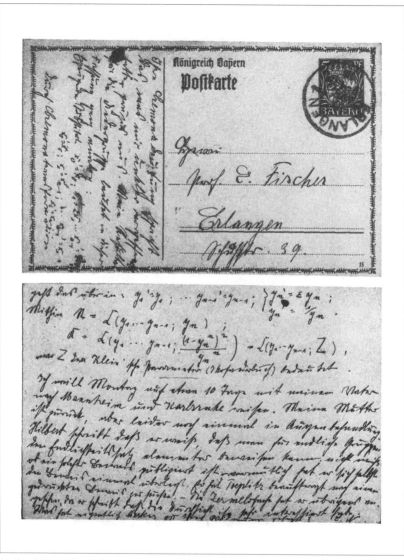

뇌터는 이따금 엽서를 이용해 동료인 에른스트 피셔와 '추상 대수학'에 관한 의견을 주고받았다. 이 엽서에는 1915년 4월 10일 소인이 찍혀 있다.

의 강의를 받아 적어 책의 형태로 출간한 제자들 덕분에 당시 그녀의 연구 결과 중 상당수가 후대에 알려지게 되었습니다.

현대 물리학에 기여하다

뇌터는 서른세 살이 되었을 때 괴팅겐으로 거처를 옮깁니다. 그러고 나서 바로 특이하게도 물리학 분야의 연구 결과를 발표했는데요. 당시 아인슈타인과 힐베르트를 괴롭히던 문제, 즉 일반 상대성 이론에서 에너지 보존의 법칙이 깨지는 듯한 모순을 가볍게 해결함으로써 사람들을 놀라게 했습니다. 일반 상대성 이론과 관련되어 등장했던 물리량 보존 문제를 대칭성의 관점으로 해결한 것인데요. 예를 든다면, 어떤 물리 시스템을 여러 각도로 돌려도 똑같이 작동한다면, 이 시스템의 물리법칙은 회전에 대해 대칭성을 가져야 한다는 것입니다. 뇌터는 이 대칭성으로부터 각 모멘텀(angular momentum)의 보존법칙을 이끌어냅니다. 시간을 옮겨 다녀도 보존된다면 시간 이동에 대해 대칭성이 있어야 하고, 에너지 보존법칙이 나옵니다. 즉, 수학적 대칭성과 물리량 보존이 일대일 대응 관계에 있는 거죠.

이 연구 결과는 지금도 20세기 물리학의 주요 업적으로 거론되곤 합니다. 하지만 그녀가 그 이전이나 이후에 물리학에 큰 관심을 가진 것으로 보이지는 않아요. 따라서 이는 아마도 당시 그녀를 초청했던 힐베르트가 제시한 문제를 해결하려는 노력의 일환이었던 것으로 보입니다. 새로운 분야와 문제에 개방적이었던 뇌터의 자질을 엿볼 수 있는 대목이죠.

위대한 멘토

에미 뇌터를 아는 이들은 공통적으로 "그녀는 따뜻한 품성을 가진 위대한 멘토였다"라고 말합니다. "자신의 이해를 내세우지 않았고, 젊은이들에게 자양분을 제공하는(nurturing) 태도가 몸에 배어 있었다"라고요. 그녀의 첫 번째 박사학위 학생이었던 그레테 헤르만은 지도 교수에 대한 사랑과 존경을 표현하며 그녀를 가리켜 '학위 지도 어머니(dissertation mother)'라고 칭했을 정도입니다. 괴팅겐 시절의 동료였던 헤르만 바일은 그녀가 타인을 대하는 태도를 "막 구운 빵처럼 따뜻했다(warm like a loaf of bread)"라고 전합니다.

그녀의 명성은 학문적 성취가 정점에 달했던 50세를 전후하여 세계 수학계에 확고해졌지만, 1933년 나치가 정권을 잡으면서 아인슈타인이나 바일 같은 유태인 학자들과 마찬가지로 그녀도 직장을 잃게 됩니

뇌터는 1928~29년 겨울, 모스크바 대학에서 강의했다.

1932년 뇌터는 취리히에서 열린 세계수학자대회에 참가하여 총회 연설을 맡았다.

다. 상황이 이렇게 되자 소련과 영국 및 미국의 수학자들은 뇌터의 안전과 직장 마련을 위해 동분서주해졌고, 그 결과 그녀는 록펠러 재단의 지원을 받은 미국의 브린모어 대학(Bryn Mawr college)에 자리를 얻게 되지요. 전임 교수 네 명과 대학원생 다섯 명에 불과했던 학부 교육 중심의 인문과학(liberal arts) 대학이었던 브린모어로서는 사실 크나큰 모험을 감행한 셈이었습니다.

뇌터는 펜실베이니아에 있는 브린모어에 있으면서 프린스턴 대학에서도 강의를 진행했는데요. 그곳에서 그녀는 자신의 업적을 이해하는 동료와 학생들에 둘러싸여 즐겁게 지냈다고 합니다. 미국에 도착한 지채 2년도 되지 않은 53세에 자궁암으로 세상을 떠나지만 않았더라면 훨씬 큰 성취를 이루었을 텐데요. 정말 안타까운 일입니다.

뇌터는 브린모어에서 대학원생 네 명을 지도하면서 그들과 캠퍼스

뇌터가 사색과 산책을 즐겼던 M. C. 토머스 도서관 주변

를 산책하며 토론하는 것을 낙으로 삼았다고 합니다. 그녀가 학생에게 미친 영향과 멘토링 방식은 매우 전설적이에요. 뇌터의 이름을 딴 '여학생 지원 프로그램'이 여럿 만들어졌을 만큼이요.

독일 연구 재단은 '에미 뇌터 프로그램'을 만들어서 여성 박사후 연구원들을 지원하고 있으며, '여성 수학자회(Association for Women in Mathematics)'에서는 매년 뛰어난 여성 수학자를 선정하여 에미 뇌터 강연을 개최합니다. 4년마다 열리는 세계수학자대회에서도 독보적인 여성 수학자가 강연하는 'ICM 에미 뇌터 강연'이 있는데요. 2014년 서울에서도 이 강연이 열렸습니다. 미국 위스콘신 대학의 조지아 뱅카르트 교수가 연사로 등장해 대수학적 표현론에 대한 강연을 펼쳤습니다.

제가 다녔던 미국 버클리 대학의 수학과 대학원에도 여자 대학원생 학생회가 있었는데요. 이 모임의 이름이 바로 '뇌터 서클(Noetherian Circle)'이었습니다. 열악한 조건에서 일가를 이루어 후대에 영감을 준 선각자에 대한 존경의 의미일 테지요?

I think I'll stop here.

이쯤에서 끝내는 게 좋겠습니다.

(1993년 6월 23일 '페르마의 마지막 정리의 증명'에 관한 공개 강연을 마치며 한 말이다.)

앤드루
와일스

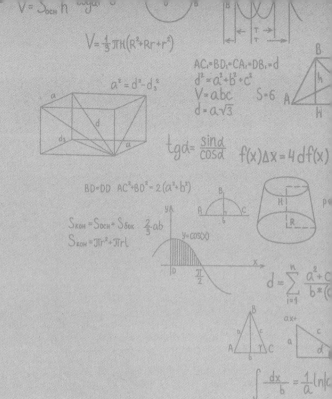

$V = S_{осн} h$

$V = \frac{1}{3} \pi H (R^2 + Rr + r^2)$

$a^2 = d^2 - d_3^2$

$AC_1 = BD_1 = CA_1 = DB_1 = d$
$d^2 = a^2 + b^2 + c^2$
$V = abc \qquad S = 6$
$d = a\sqrt{3}$

$tg\alpha = \dfrac{\sin\alpha}{\cos\alpha} \qquad f(x)\Delta x = 4df(x)$

$BD = DD \quad AC^2 + BD^2 = 2(a^2 + b^2)$

$S_{кон} = S_{осн} + S_{бок} \quad \frac{2}{3} ab$
$S_{кон} = \pi r^2 + \pi r l$

$y = \cos(x)$

$d = \sum\limits_{i=1}^{n} \dfrac{a^2 + c}{b * (}$

$ax +$

$\displaystyle\int \dfrac{dx}{b} = \dfrac{1}{a} \ln|c$

$\log_a$

$\sqrt[q]{ab} = \sqrt[q]{}$
$\log_{\text{юb}} =$

350년의 난제와 8년 동안 사투를 벌이다

20세기 수학에 최고의 업적을 남기다

350여 년 동안 미해결 문제로 남아 수학자들을 괴롭히던 난제 중의 난제가 무엇인 줄 아세요? 예, 그렇습니다. '페르마의 마지막 정리'입니다. 그런데 20세기의 끝자락에서 마침내 이 난제를 해결하는 사람이 등장해요. 물론 그 결과는 20세기 수학 분야에서 최고의 업적으로 기록되었고요. 주인공은 바로 불세출의 수학자 앤드루 와일스(Andrew Wiles)입니다. 그는 1953년 영국 케임브리지에서 태어나서 2013년에 회갑을 맞았는데요. 오랫동안 재직했던 미국 프린스턴 대학을 그만두고 (2011) 모국으로 돌아가 옥스퍼드 대학 석좌 교수로 재직 중인 그를 지

옥스퍼드 대학교 머튼 컬리지

난 2013년 3월 제가 영국을 방문했을 때 삼시 만났습니다. 개발도상국의 수학자들을 지원하기 위한 국제적 노력에 대해 여러 질문을 하며 관심을 표하던 그는 조금 수줍지만 온화하고 친절한 사람이었어요. 하지만 언론의 지나친 관심에 지쳐서 이제는 어떤 인터뷰도 하지 않는다고 했습니다.

영국 케임브리지

난제 해결과 수학 발전의 방식

토마스 쿤(Thomas Kuhn, 1922~1996)*은 "과학의 진보는 연속적인 향상의 과정이 아니라 큰 틀의 점프와 작은 틈새를 매우는 정상 과학기로 구분된다"라고 주장했습니다. 세계관의 변화를 유발하는 중요한 화두가 오랜 노력 끝에 해결되면 새로운 '패러다임(paradigm)'**이 형성되고, 이것이 곧 구체적인 문제들에 적용되면서 향상의 과정을 거친다는 뜻인데요. 여러분도 패러다임이라는 말을 종종 들어보았죠? "생각의 패러다임을 바꿔라" 같은 표현도 많이 접했을 거고요. 그런 맥락에서 보면 뉴턴 역학이나 양자 역학의 도래 역시 새로운 패러다임의 출현으로 볼 수 있습니다. 수학에서는 주요한 난제들이 중요한 변화와 발전을 일으키는 요인, 즉 패러다임을 바꾸는 요인이 됩니다.

특히 수학 분야에는 오랜 세월 동안 풀리지 않고 사람들을 괴롭혀온 난제가 여럿 있는데요. '페르마의 마지막 정리'***는 무려 350년간 수학자들을 괴롭히던 난제 중의 난제였습니다. 그러다가 1990년대 중반에야 겨우 풀렸어요. 100년간 미해결의 난제였던 '푸앵카레 추론'도 2000년대 초가 되어서야 페렐만에 의해 풀렸잖아요? 하지만 이런 경우는 정말 운이 좋은 예에 속합니다. 수학사를 들여다보면 난제에 몰입하던 재능 있는 수학자가 결국 문제를 풀지 못하고 평생 주목할 만

---

* 미국의 과학사학자 겸 철학자. '패러다임'이라는 새로운 개념을 창안했다. 그에 따르면 과학의 발전은 점진적으로 이루어지는 것이 아니라 패러다임의 교체에 의해 혁명적으로 이루어지는데 그는 이 변화를 '과학혁명'이라고 불렀다. 대표 저서로 『과학혁명의 구조』가 있다

** 어떤 한 시대 사람들의 견해나 사고를 근본적으로 규정하고 있는 테두리로서의 인식 체계, 또는 사물에 대한 이론적인 틀이나 체계를 말한다.

*** 3 이상 지수의 거듭제곱수는 같은 지수의 두 거듭제곱수의 합으로 나타낼 수 없다는 정리이다. 즉, a, b, c가 양의 정수이고, n이 3 이상의 정수일 때, 항상 $a^n + b^n \neq c^n$이다.

한 업적도 내지 못한 채 쓸쓸히 사라져간 경우가 비일비재하거든요.

그런데 왜 그 많은 수학자들이 난제 해결에 몰두하는 걸까요? 고급스런 취미일까요? 문제가 어려울수록 더 열광하는 것으로 보이기까지 하니, 혹시 난제 자체에 어떤 중독성이 있는 건 아닐는지요? 저는 이따금 이런 생각을 합니다. "난제에 도전하다 좌절만 겪느니 차라리 뛰어난 재능을 인류에게 실제로 도움이 될 만

부몽 드 로마뉴에 있는
페르마의 동상을 찾은 와일스(1995)

한 일을 하는 데 바치는 게 좋지 않을까?" 하고 말이에요. 아마 저와 같은 생각을 하는 분들도 많을 겁니다. 예를 들어 "페르마의 문제를 풀기 위한 노력들이 대체 인류에게 어떤 도움이 주었을까?" 하고요.

답은 의외로 간단합니다. 원래의 페르마 문제가 설사 안 풀렸다 해도 수백 년에 걸친 노력은 노력 그 자체로서 가치가 충분하다는 것입니다. 그 과정에서 우리가 미처 기대하지 못했던 새로운 수학 이론들이 출현하고, 더 나아가 세상과 우주에 대한 이해의 폭도 넓어졌거든요. 그런데 페르마의 문제 같은 경우에는 예상하지 못했던 대단한 부산물도 얻었습니다. 즉, 타원 곡선 이론을 사용해서 암호를 만들 수 있다는 것이 알려지면서 이를 군사 분야에서 주로 사용되는 비밀 키 암호 대신 인터넷 상거래에서 쓰이는 공개 키 암호에 사용하기 시작한 거예요. 버스나 지하철을 탈 때 쓰는 교통카드에도 바로 이 타원 곡선

암호가 사용됩니다.

이러한 예 말고도 난제를 해결하려고 노력하는 와중에 새로운 수학 개념이 출현하고, 이것이 실생활의 문제에까지 응용되는 경우를 수학사에서 자주 찾아볼 수 있습니다. 그러니까 수학에 있어서 난제란 '수학 호사가들의 취미'가 아니라 수학 발전이 이루어지는 단서나 동기를 제공했던 셈이지요.

페르마의 마지막 정리

말도 많고 탈도 많은 '페르마의 마지막 정리'는 다음과 같은 방정식에서 출발했습니다. 즉, "$x^3 + y^3 = z^3$입니다. 그런데 x, y, z에 자연수 3개를 대입해서 이 방정식을 만족시킬 수 있을까요? 이것저것 집어넣어 보면 잘 안 된다는 걸 알 수 있는데요. 비슷하게 생긴 방정식인 "$x^2 + y^2 = z^2$"은 분명히 가능합니다. "3, 4, 5" 등 답은 무수히 많아요.

원래 이 문제는 17세기 프랑스 귀족이자 법률가였던 페르마가 여가 시간에 디오판토스(Diophantus, 246?~330?)*의 『산술』이라는 책을 읽다가 본문에 나오는 문제, 즉 방정식의 정수해가 존재하는지를 묻는 문제를 생각하다가 나온 것입니다. 문제의 확장을 고려하여 정수해가 존재하지 않는 문제를 생각하던 차에 위의 3제곱 문제가 그런 문제라고 책의 여백에 간단히 썼던 것인데요. 당대의 내로라하는 수학자들이 아무도 애를 써도 이를 증명할 길이 없었습니다. 페르마가 뭔가 착각에 빠져서

---

* 고대 그리스 알렉산드리아의 수학자. 대수학의 시조로, 최고(最古) 대수학서인 『산수론(算數論)』을 저술하였고, 디오판토스의 해석이라는 일종의 부정 방정식 해법까지 연구했다.

디오판토스의 『산술』을 라틴어로 번역한
1621년 판의 타이틀 페이지

페르마의 주석이 달린 1670년 판 『산술』이다.
문제 8번과 9번 사이에 페르마의 주석이 쓰여 있다.

그런 글귀를 남겼을 거라는 게 대체적인 추측이지요.

　그 뒤 3백여 년 동안 이 문제를 풀기 위한 온갖 시도가 있었습니다. 수학사를 보면 틀린 증명이 발표되는 경우는 자주 있는데요. 페르마의 마지막 정리 문제는 아직까지 가장 많은 '틀린' 증명이 발표된 예라는 불명예를 안고 있어요. 이에 1908년 독일 기업가 볼프스켈(Wolfskehl)이 문제 해결을 위해 상금을 기탁하면서 해답을 공모했는데요. 첫 해에만 자그마치 621개의 틀린 증명이 접수되었다고 합니다. 1970년대에도 매달 3~4개의 틀린 증명이 접수되었다고 하니, 불명예의 기록을 깨는 것도 쉬운 일은 아닌가 봅니다.

열 살 소년의 꿈, 이루어지다

와일스는 열 살 때 페르마의 문제를 처음 접했다고 합니다. 동네 도서관에서 책을 읽다가 이 문제를 만났다고 하는데요. 당시 몇 주 동안 문제를 풀기 위해 노력하다 실패하자 그 해결을 평생의 꿈으로 간직하게 되었다고 합니다.

케임브리지 대학원에 진학한 후 와일스는 이 문제 연구에 몰두하고자 했지만, 논문 지도 교수였던 코츠(John Coates)는 이를 만류했어요. 진위조차 불분명한 문제를 잡고 있다가 연구 결과를 내지 못할까 봐 걱정했던 것입니다. 결국 그는 이를 포기하고 정수론 분야의 타원 곡선에 관한 연구 업적으로 프린스턴 대학 교수가 됩니다. 그때까지만 해도 어린 시절부터 품어온 꿈은 그저 신기루처럼 보였지요. 하지만 세상일이란 게 참 오묘합니다. 코엘료(Paulo Coelho)가 그의 책 『연금술사』에서 "꿈을 꾸고 그 꿈을 너무나 간절히 바라면 우주가 협력하여 그 꿈을 이루어준다"라고 했던 것처럼 마침내 변화의 순간이 온 거예요.

1986년의 일입니다. 와일스와 함께 차를 마시던 동료 수학자가 버클리 대학의 리벳(Keneth Ribet) 교수의 최근 업적을 설명해주었는데요. 그가 "타원 곡선이 모듈러(modular)한가에 대한 추론인 타니야마-시무라 추론(Taniyama-Shimura Conjecture)만 증명된다면 이로부터 페르마의 마지막 정리도 증명된다는 것을 리벳이 보여주었다"라고 말한 거예요. 이 말에 와일스는 일생일대의 환희에 빠집니다. 그 자신이 바로 타원 곡선 이론 분야의 세계 최고 전문가였기 때문이지요. 신기루 같기만 할 뿐 자신과는 영 관계가 없어 보였던 페르마 문제의 해결에 그 자신이 가장 근접한 사람이 된 거잖아요. 그것도 졸지에 말입니다.

그로부터 7년간 그는 두문불출한 채 '타니야마-시무라 추론'에 매달렸어요. 가족 문제를 제외하고는 아무데도 관여하지 않았고, 세미나에도 참석하지 않았으며, 논문도 쓰지 않았습니다. 그러한 각고의 노력 끝에 와일스는 1993년 모교인 케임브리지에서의 강연을 통해 자신의 증명을 세상에 공개합니다. 물론 전 세계 수학자들은 감격과 찬사로 그의 업적을 반겼어요.

하지만 페르마의 문제는 마지막 순간까지도 악마성을 발휘합니다. 와일스가 제출한 200페이지 분량의 논문을 심사하는 과정에서 오류가 발견된 거예요. 이전에 오류가 발견되어 씁쓸히 증명을 철회했던 수많은 주장의 전철을 밟는 것처럼 보였지요. 심지어 공공연히 그를 조롱하는 사람들도 있었습니다. 7년간 이 업적 이외에는 아무것도 이루어놓은 게 없었던 그는 수학자로서 일생일대의 위기에 직면합니다. 자칫하면 인생이 끝날지도 모른다는 공포에 시달려야 했지요.

하지만 그는 포기하지 않았습니다. 프린스턴 대학 수학과의 전적인 지원 아래 그의 제자였던 유능한 젊은 수학자 리처드 테일러(Richard Taylor, 1962~)를 합류시키면서 오류 수정 작업에 매달리지요. 그로부터 1년 4개월에 걸친 사투 끝에 와일스는 일본 수학자 이와자와의 이론을 도입하는 돌파구를 만들고, 1995년 마침내 오류를 수정한 증명을 발표합니다. 자그마치 8년 동안 문제 하나를 풀기 위해 자신을 온전히 내던진 셈이었지요. 그 열정과 끈기가 정말 대단하지요?

아마추어 수학자들에게

저는 지금도 이따금 페르마의 문제에 관한 쉬운 증명을 발견했다는 편지를 받곤 합니다. 난제의 해결을 위해 그들이 가진 모든 생각과 기교를 총동원하여 공략하는 이런 시도는 아마 앞으로도 계속 있을 테지요. 아마추어로서 절절한 노력의 산물임을 알기에 함부로 평할 수는 없는 일입니다.

하지만 난제의 해결 과정에서 관찰할 수 있는 것은, 개인의 영감만큼이나 수학의 발달 과정에서 만들어진 중요한 수학적 도구들이 필요하다는 점입니다. 위대한 수학자 뉴턴이나 가우스가 아무리 노력해도 그 시절에는 할 수 없었던 일들이 분명 있잖아요? 당시에는 달에 다녀올 수도 없었고 페르마 문제를 풀 수도 없었습니다. 그렇다고 해서 우리가 "에잇, 대 수학자라더니 별 거 아닌데?" 하고 그들의 노력과 업적을 폄훼하지는 않지요. 이는 어쩌면 과학이나 수학 분야에서 종종 보이는 일종의 멋진 행운, 우연이 필연을 만들어가는 '세렌디피티'의 결과인지도 모릅니다. 즉, 어느 한 사람의 지적 능력과는 별개라는 뜻인데요. 와일스가 페르마의 문제를 풀 수 있었던 것도 결국은 수백 년간 발전되어온 수학적 도구들, 와일스가 마음껏 활용할 수 있었던 수학적 도구들이 있었기에 가능했던 것 아닐까요?

페르마의 밀실

문제를 풀지 못하면 죽는다!
네 명의 수학자가 펼치는 숨 막히는 두뇌 게임!

서로를 전혀 알지 못하는 수학자 네 사람이 알 수 없는 이로부터 위대한 수수께끼를 풀어달라며 초대를 받는다. 그런데 정작 그들 앞에 놓인 것은 제한 시간 1분 내에 문제를 풀지 못하면 사방이 오그라드는 밀실뿐이다. 네 사람은 살아남기 위해 무조건 문제를 풀어야 하는 절체절명의 위기에 처하는데⋯. 그들은 왜 이 방에 초대되었을까? 이토록 무서운 게임을 벌이는 인물은 과연 누구일까?

영화 〈페르마의 밀실〉 포스터

A mathematician is a machine for turning coffee into theorems!
수학자는 커피를 정리로 바꾸는 기계다!

폴 에르되시

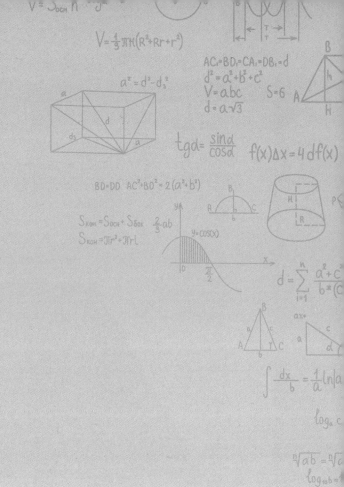

$V = S_{осн} h$

$V = \frac{1}{3}\pi H (R^2 + Rr + r^2)$

$a^2 = d^2 - d_s^2$

$AC_1 = BD_1 = CA_1 = DB_1 = d$
$d^2 = a^2 + b^2 + c^2$
$V = abc \qquad S = 6$
$d = a\sqrt{3}$

$\operatorname{tg}\alpha = \dfrac{\sin\alpha}{\cos\alpha}$ $\quad f(x)\Delta x = 4\, df(x)$

$BD = DD \quad AC^2 + BD^2 = 2(a^2 + b^2)$

$S_{кон} = S_{осн} + S_{бок} \quad \frac{2}{3}ab$
$S_{кон} = \pi r^2 + \pi r l$

$y = \cos(x)$

$d = \sum_{i=1}^{k} \dfrac{a^2 + c^2}{b^2(C}$

$\displaystyle\int \dfrac{dx}{b} = \dfrac{1}{a}\ln|a$

$\log_a c$

$\sqrt[n]{ab} = \sqrt[n]{a}$
$\log_{ab} b$

협력 연구의 달인, 방랑하는 자유인

20세기의 기인(奇人) 수학자

수학이 소통을 통해 발전하는 학문임을 입증한 사람으로 폴 에르되시(Paul Erdős)만 한 사람을 찾기 힘듭니다. 조합론과 그래프 이론, 확률론, 정수론 등의 분야에 큰 발자취를 남긴 그는 인류 역사상 가장 많은 이들과 협력 연구를 수행했던 수학자예요. 일정한 거처 없이 평생 동안 세계 곳곳을 여행하면서 수많은 사람들과 만나 수학을 논했던 탓에 '20세기의 자유인이자 기인'으로 불립니다. 1913년 헝가리 부다페스트에서 태어난 그는 평생을 무소유의 여행자로 살다가 여느 때처럼 여행 중이던 1996년에 폴란드 바르샤바에서 심장마비로 사망했어요.

평생 독신으로 지냈던 에르되시는 부다페스트의 코즈머 가(街) 유대인 공동묘지에 있는 부모 옆에 마지막 자리를 잡게 되었는데요. 묘비에는 다음과 같은 농담이 적혀 있습니다.

"드디어 점점 더 멍청해지지 않게 되었군(Végre nem butulok tovább)."

협력 연구의 달인

에르되시는 수학이 다락방에서 혼자 생각하는 학문이 아니라 다른 이들과의 대화를 통한 사고의 전개라고 믿었습니다. 그래서 세계를 떠돌며 수학을 강의하고 서로 논하는 것을 즐겼지요. 여행을 하면서 평생 동안 무려 511명의 사람들과 논문을 함께 썼다고 하니, 그저 놀라울 뿐입니다. 인류가 가진 기록 중 공저자 수에서 에르되시를 능가하는 사람은 아직까지 없는데요. 대부분의 논문을 단독 논문이 아닌 공동 논문으로 저술한 그는 총 1,525편의 논문을 쓴 다작(多作)의 수학자이기도 해요. 수학사에서 에르되시와 비견되는 다작 인물은 오일러(Leonhard Euler, 1707~1783)* 정도인데, 오일러는 더 많은 분량의 논문을 대부분 단독으로 저술했습니다.

물론 논문을 많이 쓴다고 해서 훌륭한 수학자라 할 수는 없어요. 에르되시도 이 사실을 잘 알고 있었기에 "연구의 우수함을 측정한다는 것은 수를 세는 것이 아니라 무게를 다는 것에 가깝다"라고 말하곤 했습니다. 무게를 단다는 것은 즉, 연구에서 임팩트가 중요하다는

---

* 스위스의 수학자이자 물리학자. 미적분학을 발전시켜 변분학을 창시했으며, 해석학의 체계를 세우고, 터빈 이론을 정립하였다.

뜻이지요.

수학자에는 두 가지 유형이 있다고 합니다. '이론 개발형'과 '문제 풀이형'인데요. 필즈상 수상자들을 포함하여 우리가 아는 대부분의 위대한 수학자들은 이론 개발형인 경우가 많습니다. 에르되시로 대표되는 문제 풀이형은 현대 수학의 주류에서 백안시되기도 했는데요. 하지만 문제 풀이를 통해 얻어지는 수학적 구조에 대한 통찰이 새로운 이론의 성립에 광범위한 영향을 주고 있다는 사실을 잊지 말아야 합니다.

에르되시는 어려운 수학 문제를 만나면 이를 주위 사람들과의 지적 협력을 통해 푸는 것을 즐겼어요. 그래서 곧잘 문제에 상금을 걸곤 했습니다. 간단한 문제에는 25달러 정도를 걸었지만, 문제가 어려워질수록 상금을 올려서 수천 달러를 거는 경우도 있었지요. 그가 상금을 걸었던 문제 중에는 아직도 풀리지 않은 문제가 많습니다. 해답을 제시하는 사람에게는 그의 친구인 그레이엄(Ronald Graham, 1935~) 등이 상금을 지급할 거라고 약속하여 에르되시 사후인 지금까지도 상금은 유효하지요. 이 문제들 가운데 5천 달러가 걸린 정수의 등차수열**에 관한 에르되시 문제는 특별한 경우인

4개의 공으로 저글링 하는 그레이엄(1986)

** 서로 이웃하는 두 항 사이의 차(差)가 일정한 수열. 1, 3, 5, 7, 9… 따위가 있다.

에르되시는 수학을 연구하는 많은 젊은이들에게 영향을 미쳤다. 이 사진은 1985년 오스트레일리아의 애들레이드 대학에서 찍은 것으로, 에르되시가 당시 열 살이던 타오에게 문제를 설명해주고 있는 모습을 담은 것이다. 타오는 2006년에 필즈상을 수상했다.

소수의 경우에 해결되어 이제 '그린-타오 정리'로 불립니다.

이 업적은 타오(Terence Tao, 1975~)가 2006년에 필즈상을 수상하는 데 결정적으로 기여했는데요. 이를 구체적으로 설명해볼게요. "3, 5, 7"은 소수로만 이루어진 길이 3의 등차수열이고, "5, 11, 17, 23"은 소수로만 이루어진 길이 4의 등차수열입니다. 그렇다면 소수로만 이루어진 길이 100의 등차수열도 있을까요? 길이 100만짜리는 어떤가요? 놀랍게도 답은 "다 있다"입니다. 에르되시는 어떤 길이를 잡아도 그에 해당하는 소수의 등차수열이 있을 거라고 추측했고, 타오는 이를 증명하여 필즈상을 수상한 것입니다.

에르되시 수

그래프 이론에서 다루는 주제 중에 '협력 그래프'라는 것이 있습니다. 어느 특정 집단에 속한 사람들을 점으로 표현하고, 그중 서로 협력하는 두 사람 사이에 선을 그어나갔을 때 결과물로 나오는 그래프인데요. 사람의 수가 많으면 이 협력 그래프에 있는 몇 개의 점에 집중적으로 많은 선이 이어지는 현상이 발견되곤 합니다. 우리가 흔히 마당발이라고 부르는 사교적인 사람들이 어느 사회나 있게 마련이라는 체험적 사실과도 일치하는 결과이지요. 그래서 해커들은 인터넷을 마비시킬 때 인터넷 연결망을 그래프로 표시하여 마당발에 해당하는 네트워크 설비 몇 개를 공격한다고 합니다. 이렇게 하면 전체 그래프의 연결성이 무너지면서 통신에 심대한 지장을 초래하니까요.

협력 그래프에서 통상 관찰되는 이러한 현상을 극명하게 보여주는 예가 바로 '에르되시 협력 그래프'입니다. 이 그래프에서는 저자들을 점들로 표시한 후에 서로 논문을 공저한 적이 있는 사람들 사이에 선을 긋고, 각 점들에 다음과 같은 방식으로 '에르되시 수(Erdős number)'[*]라는 숫자를 할당하는데요. 먼저 에르되시에게는 에르되시 수 0이 할당되고, 그와 공저한 적이 있는 사람들에게는 에르되시 수 1이 할당됩니다. 에르되시 1인 사람들과 공저한 적이 있는 사람들에겐 에르되시 수 2를 할당하고요. 이러한 방식으로 에르되시 수를 계속 할당해가되

---

[*] 에르되시 수는 공동 연구 네트워크에서 한 사람이 다른 사람과 연결되는 단계를 나타내는 수로 '베이컨의 수'와 같은 개념이다. 즉 수학자 에르되시와 몇 단계를 거쳐 연결되어 있는지를 나타내는 수이다. 이 개념을 영화계에 적용한 것이 '케빈 베이컨의 여섯 단계'라고도 알려진 '베이컨의 수'이다. 베이컨 수는 케빈 베이컨과 영화를 같이 찍은 배우들에게 숫자를 매긴 것이다.

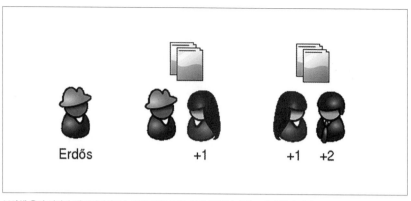

보라색 옷의 여자가 에르되시와도 논문을 같이 썼고, 검은 옷의 남자와도 같이 썼다 하자. 그럼 검은 옷의 남자는 에르되시와 두 단계 지나 연결되므로 에르되시 수는 2가 된다.

여러 수가 할당될 수 있는 경우에는 가장 작은 수를 할당합니다.

　이렇게 하면 에르되시에게 가장 많은 선이 집중된 협력 그래프가 얻어지는데요. 에르되시가 논문 저술 과정에서 협력 연구의 마그넷 역할, 즉 마당발 역할을 했음을 보여주는 결과가 나오는 것이지요. 이 그래프의 각 점들에 할당된 에르되시 수를 분석해보면, 전 세계에서 연구가 활발한 수학자 중 90%가 8보다 적은 에르되시 수를 가지고 있다고 하니, 웬만한 수학자들은 몇 단계를 거치면 연구 저술을 통해 서로 연결되어 있다는 게 증명되는군요. "세상 참 좁다"라는 옛말이 실감나는 경우입니다. 그런데 이는 무작위로 그린 협력 그래프에서 일반적으로 나타나는 현상으로서 '작은 세상 현상'이라고 불리기도

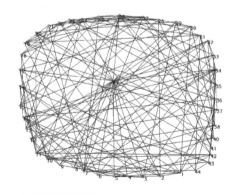

에르되시 협력 그래프

합니다. "나는 저 사람을 한 번도 본 적이 없는데 서로 같은 사람을 알고 있구나" 하는 경험, 즉 "세상 참 좁다"라는 생각을 하게 되는 데에 수학적 근거가 있다는 것입니다.

방랑하는 자유인

수학이 아이디어의 교환을 통해 발전하는 속성을 가지므로 일반적으로 수학자가 다른 과학자보다 여행을 많이 하는 것은 사실이지만 에르되시는 차원이 다른 타고난 방랑자였어요. 옷가지 몇 개와 수학 노트를 넣은 여행 가방 하나가 소유물의 전부였던 그는 전 세계의 수학자 친구들을 방문하여 수학 문제를 풀며 며칠을 보내고는 또 다른 도시로 떠나가곤 했습니다.

함께 수학을 논하고 싶은 수학자의 집 앞에 여행 가방 하나만 달랑 들고 나타나서는 "당신의 뇌는 열려 있나요?" 하고 묻는 게 그의 여행 방식이었는데요. 며칠을 묵으며 수학 문제를 해결하고 나서는 "다음은 어느 도시의 누구를 방문할까요?" 하고 묻고, 상대방이 "누구누구가 좋겠어요"라고 대답하면 "아, 그거 좋은 생각이오" 하면서 새로운 방문지로 총총하게 떠났던 거예요.

에르되시는 강연료나 저작료로 받은 수입의 대부분을 주위 사람들에게 주어버렸습니다. 그러고는 다시 새 방문지에서 친구들의 도움을 받아 지내곤 했지요. 10만 달러의 상금과 함께 수여되었던 '울프상(Wolf Prize)'을 수상했을 때도 마찬가지였어요. 그의 친구이자 28편 논문의 공저자였던 그레이엄은 보다 못해 에르되시의 은행 구좌를 관리하고 우편물을 모아주는 등 일상적인 일들을 대신해주었다고 합니다. 그레이엄은 벨랩에 있는 70명의 수학자와 전산 과학자들의 책임자로서 쓰는 시간만큼을 에르되시의 개인사 관리에 썼다고 하는데요. 에르되시 사후에는 생전에 그가 상금을 내걸었던 문제들을 관리하면서 제시된 해결책을 심사하고 상금을 지급하는 일까지 도맡아서 하고 있습니다. 무소유를 실천하며 살려면 이런 욕심 없고 선의로 가득한 친구가 옆에 있어야 하나 봅니다.

　그는 헝가리의 동료 수학자 알프레드 레니가 들려주었던 말을 자주 인용하곤 했어요. "수학자란 커피를 정리(theorem)로 변형시키는 사람들이야." 그가 엄청난 양의 커피를 마셔댔음은 물론인데요. 수학 문제를 생각하는 이외에는 세상사에 별반 관심이 없던 그였지만, 탁구는 상당히 잘 쳤다고 알려졌습니다. 그러고 보니 몇 해 전에 한국을 방문한 적 있는 전설적인 수학자 세르(J-P Serre) 교수도 탁구에 있어서는 프로 수준이었던 게 떠오릅니다. 올림픽 탁구 메달리스트와도 경기를 했었다고 자랑스럽게 말씀하셨어요. 멀리 나가지 않고 실내에서 칠 수 있는 운동이라서 그랬을까요?

에르되시가 가장 참을 수 없어 했던 것은 정치적 문제로 표현의 자유가 억압되거나 자유롭게 여행할 수 없게 되는 것이었다(페터 슈머). 이러한 에르되시의 신념은 수학자들의 일반적 믿음과 궤를 같이하는 것이어서 수학자들의 국제적 연대로 만들어져 베를린에 본부를 두고 있는 국제기구인 국제수학연맹도 '학문 교류의 자유'를 지켜야 할 주요 가치로 설정하고 있다.

At least in my own case, understanding mathematics doesn't come from reading or even listening. It comes from rethinking what I see or hear: I must redo the mathematics in the context of my particular background.

내게 있어서 수학을 이해한다는 건 읽거나 듣는 것에 있지 않고
보고 들은 걸 다시 생각하는 것에서 온다.
내 자신의 특수한 배경에 맞추어 새로 수학을 짜 맞추어야 한다.

스티븐
스메일

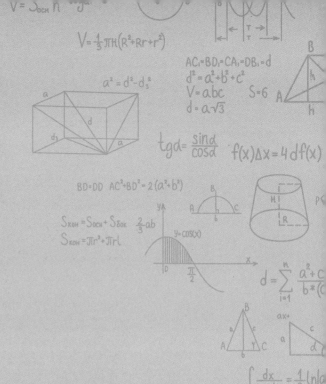

수학과 세상 사이,
순수와 응용 사이의 경계를 넘나들다

늦게 피어난 천재성

스메일(Stephen Smale, 1930~)은 현재 생존해 있는 수학자입니다. 86세의 고령에도 불구하고 여전히 연구 논문을 내고 있는 미국 출신의 수학자이지요. 그는 60년대만 해도 난공불락으로 여겨지던 '푸앵카레 추론'을 5차원 이상에서 해결한 업적을 인정받아 1966년에 필즈상을 받았습니다.

여기까지만 읽으면 한 천재 수학자가 총명함 덕분에 이른 나이에 세상을 놀라게 한 것으로만 보입니다. 이런 일은 흔하지는 않지만 그렇다고 아주 희귀한 일도 아니에요. 어느 날 혜성처럼 나타나서 수학의

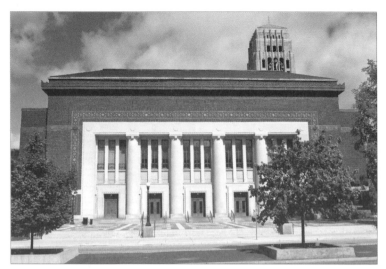

미시간 대학교의 강당과 버튼 타워

난제를 해결해낸 젊은 천재의 이야기는 인류 역사에서 종종 볼 수 있으니까요.

스메일을 특별하게 만들어주는 것은 두 가지입니다. 먼저 그는 보통 사람들이 생각하듯 어린 시절부터 영특함을 드러냈던 천재가 아니었다는 점입니다. 공부를 잘하는 편에 속해 미시간 대학에 입학했지만, 대학 성적이 신통치 않아 오히려 주위에 걱정을 끼쳤다고 해요. 미국의 주요 대학원에서는 성적만을 보지 않고 미래의 가능성에 대한 투자의 의미로 소수의 대학원생을 뽑아 기회를 주는 경우가 있는데요. 스메일은 운이 좋게도 이런 경우에 속해 대학원에 진학할 수 있었습니다.

하지만 '역시나' 무리였던 걸까요? 스메일은 대학원 입학 후에도 낙제점을 받으며 퇴학 직전까지 몰렸습니다. 수학과 학과장에게 불려가 퇴학 경고까지 받고 나서야 그는 비로소 마음을 가다듬고 심각하게 공부하기 시작했다고 해요. 어쩐지 기운이 샘솟는 대목이잖아요?

하지만 세상일엔 반전(反轉)이 있게 마련인가 봅니다. 우여곡절 끝에 27세의 나이에 겨우겨우 박사학위를 받은 스메일은 대학 강사를 하면서 31세의 나이에 당시 괴물과도 같이 수학자들을 괴롭히던 난제인 푸앵카레 추론 문제를 5차원 이상에서 완벽히 해결하는 기념비적 논문을 내어 수학계를 충격에 빠트립니다. 푸앵카레 추론은 "위상 공간의 국지적 성질로부터 대역적 성질을 유추할 수 있는가?"라는 질문을 다루는데요. 풍선 위를 기어가는 개미가 자기 주변에서 폐곡선을 그린 후에 줄여나가면서 이를 점으로 줄일 수 있다는 것을 관찰한다면 (즉, 단순 연결이라는 국지적 성질), 전체 풍선의 모양이 구와 같다(즉, 대역적 성질)고 할 수 있는데, 이를 과연 일반화할 수 있는가 하는 문제입니다. 만약 이 풍선이 도넛 모양이어서 가운데 큰 구멍이 있다면, 개미가 구멍을 이용해서 폐곡선을 그린다 한들 결코 점으로 줄일 수 없는 경우가 생기는데요. 이런 경우는 당연히 전체 모양이 구와 다르다는 사실을 알 수 있잖아요? 2차원 평면에서는 당연한 이 사실이 고차원에서도 사실인가라는 참으로 난해하기 그지없는 질문입니다.

스메일의 업적 이후 프리드먼이 4차원의 경우를 해결하여 1982년에 필즈상을 수상했는데요. 최종적으로 3차원에서 이 문제를 해결하여 2006년 마드리드 세계수학자대회에서 필즈상을 수상한—비록 본인은 거부했지만— 페렐만까지 포함한다면 하나의 문제가 세 명의 필즈상 수상자를 배출한 셈입니다. 정말이지 공포의 문제가 아닐 수 없는데요. 푸앵카레 추론의 최초 단서를 푼 스메일은 이 업적으로 버클리 대학 교수가 되었으며 1966년 필즈상을 수상합니다.

수학의 여러 분야를 넘나든 자유로움

스메일을 특별하게 만들어준 두 번째 요인은 그가 어느 특정한 분야에 구속되지 않고 자유로웠다는 점입니다. 위상수학 분야에서 이룬 커다란 업적으로 필즈상까지 받았지만, 그는 곧 연구 관심을 '동역학계(dynamical systems)'로 돌립니다. 동역학계 분야에서도 괄목할 만한 업적을 내어 많은 연구자들이 이를 이어 받아 후속 연구를 진행하게 되었는데, 이 분야에서 그가 키운 제자들 중에는 지금 동역학계를 주도하는 이들도 있고, 그의 학문적 손자뻘인 아투 아빌라(Artur Avila)는 2014년 서울 세계수학자대회에서 필즈상을 수상했습니다.

수학자의 일생에서 두 가지 상이한 분야의 최고봉으로 꼽히는 것도 드문 일인데, 그는 50대 후반의 나이에 또다시 연구 분야를 바꿉니다. 이번에는 응용의 속성이 강한 '계산 이론' 및 '복잡도 이론'이었지요. 1980년대 후반에 이미 그의 관심은 계산 이론으로 기울어져 있었던 터라 당시 버클리 대학원에 '복잡도 이론(complexity theory)'이라는 강좌를 개설하여 새로운 영역을 개척하고 있었습니다. 저도 그 당시 이 강좌를 수강했는데요. 항상 수줍은 얼굴로 칠판 앞에서 생각을 많이 하며 몇 자 끄적이고 말던 그의 강의를 무조건 '명강'이라며 추켜세울 수는 없지만, 깊이 있는 사고의 중요성을 일깨워주기엔 부족함이 없습니다.

현대 수학의 여러 분야를 섭렵했고, 순수수학과 응용수학에 대한 구분 따위 괘념치 않았던 그는 1998년 버클리 대학에서 '21세기에 풀어야 할' 수학 난제들을 정리하여 발표했습니다. 여러 해 전에 버클리 대학에서는 이미 은퇴했지만, 30년 이상을 봉직했던 학문적 고향에 돌아가서 후대의 젊은 수학자들에게 영감을 주고 싶었던 탓일 거예요. 그의 강연을 듣고자 수많은 청중이 몰려드는 바람에 강연 장소 밖으로 사람들이 늘어서 있는 진풍경이 벌어졌는데요. 결국 700명 정도를 수용할 수 있는 근처 강당에서 기초 미적분 강의를 하기로 예정되었던 교수의 긴급 제안으로 장소를 바꾸는 해프닝이 있었습니다. 당시 우연히 버클리를 방문 중이던 저는 어렵사리 자리 하나를 얻어 이 강연을 들을 수 있었는데요. 이날 그가 발표했던 문제 중 여러 개가 2000년에 클레이 재단이 선정한 '새 천 년 문제(millenium problems)'로 다시 선정되기도 했습니다.

세상의 문제에 대한 열린 관심

스메일이 필즈상을 받은 것은 1966년 모스크바 세계수학자대회의 개막식에서였어요. 36세의 나이에 수학자 최고의 영예를 안은 그에게서 번득이는 수학적 영감을 듣고자 모인 수천 명의 수학자들 앞에서 그는 수학 강의 대신 당시 소련의 인권 문제를 규탄하는 연설을 했습니다. 게다가 미국 정부의 베트남 전쟁 정책에 대한 비판 발언도 했어요. 덕분에 수학계뿐 아니라 소련이 발칵 뒤집혔지요. 이 일로 그는 강연 직후 소련 정부에 체포되어 연행되었는데요. 미국 정부의 개입으로 추방의 형태로 풀려날 수 있었습니다.

미국 내에서도 그는 표현의 자유를 옹호하는 운동에 적극적이었어요. 당시 미국을 휩쓸던 반전 운동의 성지였던 버클리에서 이런 입장을 거침없이 밝히곤 했습니다. 이런 이유로 스메일은 한때 곤란한 처지가 되어 젊은 포스트닥 시절부터 인연이 있던 브라질의 리우데자네이루에 있는 수학 연구소 'IMPA*'에 피신하여 몇 해를 보내기도 했습니다. 브라질에 체류하는 동안 그는 유망한 젊은 수학자들을 발굴하고, 그들을 교육하기 위해 헌신적으로 노력했고, 그의 지원과 영향력에 힘입어 수학 낙후 지역이었던 남미에서 IMPA는 드물게 세계적인 명성을 가진 수학 연구소로 자리 잡게 되었어요. 이 당시는 그가 동역학계 연구에 몰두하던 시절이었는데, 그 인연으로 키운 제자인 브라질 수학자 팰리스(Jacob Palis)는 동역학계의 뛰어난 학자가 되었을 뿐아니라, 국제수학연맹의 최장기 임원으로 사무총장을 두 번 역임하고 회장이 되어 2002년 베이징 세계수학자대회를 성공적으로 이끌었습니

브라질에 있는 IMPA 입구

---

* 포르투갈어로는 'Instituto de Matem tica Pura e Aplicada', 영어로는 'Institute for Pure and Applied Mathematics'로 표기한다.

다. 브라질의 전체적인 수학 연구 수준은 한국에 비해 떨어진다고 평가하지만, 이미 필즈상 수상자 아투 아빌라를 배출하는 등 국제적인 네트워크나 최상위 수학 연구자 배출 면에서는 오히려 우리를 앞서고 있습니다.

이 같은 사연으로 스메일은 "나의 최고 수학 업적은 리오의 해변에서 이루어졌다"라고 말하기도 했는데요. 그 바람에 연구비로 놀려다녔다는 비난 끝에 미국 연구재단으로부터 연구비 중단에 관한 경고를 받기도 했습니다. 하지만 그렇게 이루어진 연구로 필즈상을 수상한 위상수학을 넘어서더니 동역학계로, 그리고 계산 이론으로 연구 분야를 종횡무진 넘나들며 20세기 최고 수학자의 반열에 올랐으니 어쩌겠습니까? 그가 해변에서 가장 연구 생산성이 높았다고 말한 건 과장이 아니었던 것입니다. 실험실 안에서보다는 사람들을 직접 만나고 문제를 토론하면서 발전하는 수학의 속성과 관련이 있을는지요?

I was then in a boarding house in Nimes, staying with children older than I was, and they used to bully me. So to pacify them, I used to do their mathematics homework. It was as good a training as any.

고등학교 기숙사에서 제일 나이가 어린 탓에 왕따의 대상이었다.

그래서 다른 아이들 수학 숙제를 대신 해주곤 했는데,

이게 내가 받은 최상의 학습 훈련이 됐다.

장 피에르 세르

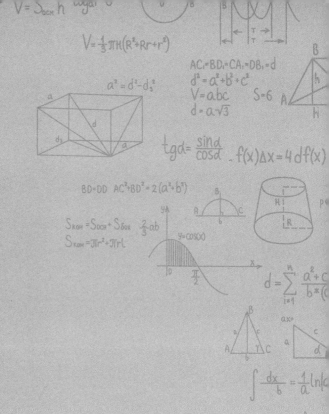

최연소 필즈상 수상자의 기록을
62년째 유지하는 수학자

영감(靈感)과 돌파력을 가장 오래 유지한 수학자

20세기 최고의 수학자 몇 명을 적으라고 요청받는다면 여러분은 어떤 사람을 적고 싶으신가요? 힐베르트, 튜링, 푸엥카레… 이제 꽤 많은 수학자들을 알게 되었잖아요? 그런데 일반인이 아닌 수학자를 대상으로 이런 설문 조사를 한다면 과연 어떤 이름이 나올까요? 아마 가장 많이 나올 이름 중에 프랑스의 수학자 장 피에르 세르(Jean Pierre Serre, 1926~)가 있을 게 분명합니다. 광범위한 영역에서 활동하며 연구를 진행했던 세르는 27세이던 1954년에 필즈상을 수상했는데요. 이후로도 여전히 그

아벨상은 오슬로 대학 법학부의 아트리움에서 수여되는데, 이곳에서 노벨 평화상 수상도 이루어진다.

는 '최연소 필즈상 수상자'의 타이틀을 가지고 있습니다.

백만 달러의 상금을 수여하는 '아벨상(Abelprisen, Abel Prize)'*은 2003
년에 첫 수상자를 배출했는데, 그 첫 수상자도 다름 아닌 당시 76세의
세르였습니다. 위상수학에서 연구를 시작했던 그는 나이가 먹어가면
서 정수론, 특히 산술기하 문제에의 군론적 접근 등으로 연구 방향을
바꾸었는데, 세르처럼 젊은 시절의 영감과 돌파력을 오랜 기간 동안
유지하며 많은 분야를 섭렵한 수학자는 정말 찾아보기 힘듭니다.

---

* 노르웨이의 수학자 닐스 헨리크 아벨의 이름을 딴 상이다. 노르웨이 왕실에서 수여하는 상으로 2003년
부터 수상이 시작되었다. 수학자가 일생 동안 쌓아온 업적을 바탕으로 상을 주기 때문에 대부분 수상자들의
나이가 많은 것이 특징이다.

수학은 정말 젊은이들만의 게임일까?

영국의 수학자 하디(Godfrey Harold Hardy, 1877~1947)는 "수학은 젊은이의 게임(Mathematics is a young man's game)"이라고 말했습니다. 인도의 젊은 천재 라마누잔의 가능성을 발견하여 지원했던 그는 수학에서의 큰 진보가 과거의 지식과 한계에 묶이지 않는 젊은 천재들에 의해서 이루어진다고 믿었던 모양이에요. 2016년에 우리나라에서도 개봉됐던 영화 〈무한대를 본 남자〉에는 하디와 라마누잔의 이야기가 잘 묘사되어 있습니다.

고드프리 해럴드 하디

영화 〈무한대를 본 남자〉 포스터

수학의 역사를 보면 주요한 업적들이 젊은 수학자에 의해 이루어진 경우가 많았던 게 사실입니다. 그런데 세르의 경우는 좀 달라요. 그는 젊은 시절 천재성을 발휘하여 위상수학 분야에서 강력한 대수적 도구를 도입하는 큰 업적을 이루었습니다. 이를 인정받아 필즈상을 수상했고요. 하지만 여기에서 그치지 않고 연구력을 60년 이상 유지하면서 많은 분야를 송두리째 뒤집거나 창시하는 등 90세의 나이에 이르기까지 연구를 지속하고 있습니다. 이에 관해 질문을 받은 세르는 이렇게 대답했어요. "제가 하디의 주장에 대한 완벽한 반례는 아닌 것 같은데요. 76세의 나이에 수상한 아벨상 수상 사유서에 주로 언급된 제 업적은 대부분 제가 30세 이전에 했던 일들이더군요"

하고 말입니다. 아마 세르 자신조차 젊은 시절에 했던 일이 자신의 주요 업적이라고 판단한 모양입니다.

수학사에는 중세까지만 해도 나이 많은 수학자들이 빛나는 업적을 쌓는 경우가 별로 없었습니다. 하지만 점점 반례가 많아지고 있어요. 가장 극적인 예로 최근에 '쌍둥이 소수 문제'에 관련해서 2천여 년 만에 주요 돌파구를 찾아낸 장이탕(Yitang Zhang, 1955~) 박사를 들 수 있습니다. 그는 박사 학위를 받은 지 20년 만에, 그것도 60세가 다 된 나이에 학위 논문 이후의 생애 첫 논문으로 세상을 발칵 뒤집어놓았는데요. 2014년 서울 세계수학자대회에서 초청강연을 하면서 이 업적을 소개한 적도 있습니다. 수학이라는 분야가 깊이와 사색의 결과물일 수 있다는 사실을 일깨워준 강력한 예라 할 만합니다.

틀린 것을 보면 몸이 아프다

세르는 평생 동안 많은 책을 저술했어요. 간결함과 정확함, 그리고 자기완결성으로 유명한 그의 책들은 수학의 다양한 분야에 걸쳐 있어서 웬만한 현대 수학자라면 그의 책을 접해본 경험이 있을 정도입니다. 이러한 간결함과 정확함은 그의 강의에도 나타나는데요. 그 스스로 "내가 무엇을 이해하고 나면, 다른 누구라도 그것을 이해할 수 있을 거라는 생각이 듭니다. 그래서 이를 전달할 때 느끼는 기쁨이 너무나 크지요"라고 말했습니다. 그런 만큼 명강의를 제공하는 수학자로서 유명해질 수밖에 없었겠지요. 하지만 세르는 다른 사람의 강의를 듣다가 틀린 내용이 나오면 이를 참지 못하고 강의를 중단시키면서까지 지

포스코에서 강의 중인 세르

적하는 것으로도 유명했습니다. 상대방의 입장에서는 악명이 높은 거 겠죠? 이에 대한 그의 변명을 들어볼게요. "명백하게 틀린 말을 듣거 나 보면, 그것이 강연이든 책에 적혀 있는 것이든, 나는 참을 수 없어 서 실제로 몸이 아플 정도가 된다." 정말 굉장하지요?

제가 학생이었던 시절에도 "세르 앞에서는 감히 강의를 하지 말라" 라고 하는 이야기가 우스갯소리로 돌곤 했습니다. 자칫 잘못해서 틀 린 내용을 이야기했다가는 눈앞이 노랗게 될 정도로 혼날 게 뻔하니 까요. 하지만 시간을 이기는 장사는 없는 법일까요? 2011년에 포스텍 을 방문하여 2주 동안 머물면서 강의했던 그는 84세의 따뜻하고 다정 다감한 할아버지였습니다. 무서운 세르 교수님이 오신다고 해서 저도 바짝 긴장하고 있었는데요. 포항에 머무는 동안 교수님 피부에 문제가 생기는 바람에 피부과에 모시고 갔던 적도 있어요. 그때 일을 기억하면서 두고두고 고마워하는 노 수학자가 그립습니다.

수학자들의 비밀 결사 부르바키

인터넷 시대인 요즈음에는 익명성이 사회적 소통의 큰 부분을 차지하는데요. 익명성에 기반을 둔 전문가 그룹 내부의 치열함이 큰 변화를 만들어낸 사례로 '부르바키 운동'을 꼽곤 합니다. 비밀 결사라니, 뭔지 궁금하지요?

제1차 세계대전 기간에 가장 많은 과학자들을 전쟁터에서 잃어버린 나라가 어디일까요? 답은 프랑스입니다. 다른 유럽 국가들은 전쟁 기간에 특별한 재능을 활용하는 방법으로 과학자를 봉사 활동에 투입시켰지만, 프랑스는 평등의 원칙을 엄격히 지켰기에 군 복무 대신 특수 임무를 내리지 않았어요. 그 탓에 프랑스 고등사범의 경우 재학생의 3분의 2가 전쟁 중에 사망했다고 합니다.

그런데 전쟁이 끝나자 그 파장이 여기저기 나타난 거예요. 일례로 당시 프랑스 대학에서는 젊은 교수를 찾아보기 힘들었습니다. 대부분의 교육을 은퇴가 코앞인 노교수들이 담당했을 정도지요. 결국 학문 전달 과정에 공백이 발생했고, 젊은 연구자들은 지적인 갈증을 느끼게 됩니다. 그래서 1930년대 중반에 이르자 프랑스의 젊은 수학자들이 결집하기 시작하는데요. 이들은 수학자들의 비밀 결사를 만들고 이를 '부르바키(Nicolas Bourbaki)'라 명명했습니다. 열 명 정도의 수학자로 구

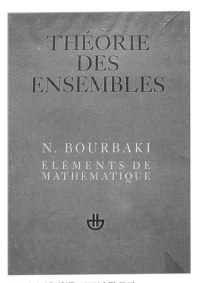

부르바키의 『집합론』 1970년 판 표지

성된 부르바키는 유망한 수학자를 영입하면서 세대교체에도 성공했는데, 그중에는 세르를 포함한 필즈상 수상자들도 있었다고 합니다.

이들은 현대 수학의 전 분야에 걸쳐 상당 분량의 책을 공동으로 저술했는데, 이 책들을 모두 니콜라스 부르바키라는 단일 저자 이름으로 출간했어요. 이러한 활동은 현대 수학을 공리적이고 추상적인 접근으로 재구성하면서 20세기 수학의 진로에 광범위한 영향을 미쳤는데요. 당시에는 저자가 개인일 거라 여겨 과연 누구일까 하면서 궁금해 하는 이들이 많았다고 합니다.

부르바키는 상당 기간 동안 비밀 결사로 존재했어요. 구성원이나 회합 장소 등도 비밀로 부쳐졌고요. 연간 3회 비밀스럽게 열리던 부르바키 학술 대회에서는 회의를 주재하는 의장이 없었다고 합니다. 특별한 순서 없이 발표를 진행했는가 하면, 발표 중에도 비판과 질문을 통해 발표를 중단시킬 수 있는 방식으로 운영되었고요. 이제 '부르바키 방식'이라는 표현은 무정부주의적으로 보이는 난상 토론 방식에 붙여지는 표현이 되었습니다. 다른 이의 강연 중에 거침없이 강의를 중단시키고 정확한 내용을 말할 것을 요구했던 세르의 습관도 어쩌면 부르바키의 영향이었을지 모릅니다.

난상 토론 형식과 함께 부르바키 방식이 갖는 또 다른 의미는 '열린

수학적 글쓰기는 언어 사용과 정말 비슷합니다. 언어 사용 시에 어법적인 규칙을 따라아 소통이 가능하지만, 어법을 적어두고 따라 하는 거 아닙니다. 이기들을 보세요. 부모를 따라 저절로 익히지 않습니까? 물론 어떤 수학자들은 좋은 귀를 가지고 있는 반면 그렇지 않은 사람도 있지만요(속어 표현을 좋아하는 사람도 있어요. iff 같은 거 말입니다). 어쩌겠어요. 인생이 다 그런 거죠….

관심'입니다. 부르바키 대회에서는 수학의 전 분야에 걸쳐 토론하고, 함께 저술 방향을 정했는데요. 본인의 연구 분야가 아니더라도 토의에 참여하고, 심지어는 저술의 일부도 맡는 게 일반적이었다고 합니다. 이런 환경에서 단련된 세르가 수학의 온갖 분야에 관심을 갖고 연구와 저술에 몰두했던 것은 당연한 일이겠지요?

축적된 지식의 양이 방대해지고 발전 속도가 빨라지면서 요즘은 여러 분야의 전문가가 한 자리에 모여 토론하는 것이 매우 힘들어졌습니다. 조금만 전공 분야가 달라도 아예 대화를 포기하곤 하잖아요?

심지어 자기의 이름을 감추고 벌이는 학술 활동이란 더욱더 힘들지요. 부르바키는 아직도 존재합니다. 그러나 이전의 역동성은 찾아볼 수가 없어요. 세르 같은 수학자가 드물어졌기 때문일까요? 부르바키가 입증했던 익명성의 자유와 힘에 다시 한 번 감동하게 될 날을 고대(苦待)합니다.

One has to learn before attempting to create.
창조하려면 먼저 배워야 한다.

히로나카
헤이스케

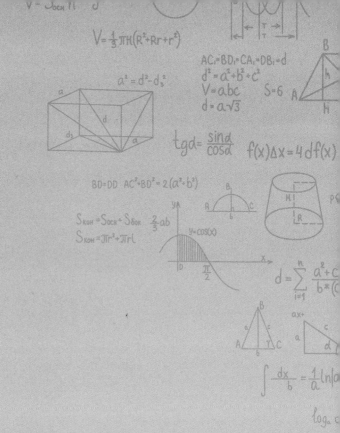

$V = \frac{1}{3}\pi H(R^2 + Rr + r^2)$

$AC_1 = BD_1 = CA_1 = DB_1 = d$

$d^2 = a^2 + b^2 + c^2$

$V = abc \qquad S = 6$

$d = a\sqrt{3}$

$a^2 = d^2 - d_3^2$

$tg\alpha = \dfrac{\sin\alpha}{\cos\alpha}$

$f(x)\Delta x = 4 df(x)$

$BD = DD \quad AC^2 + BD^2 = 2(a^2 + b^2)$

$S_{кон} = S_{осн} + S_{бок} \qquad \frac{2}{3}ab$

$S_{кон} = \pi r^2 + \pi rl$

$y = \cos(x)$

$\dfrac{\pi}{2}$

$d = \sum\limits_{i=1}^{n} \dfrac{a^2 + c}{b * (}$

$\displaystyle\int \dfrac{dx}{b} = \dfrac{1}{a}\ln|a$

$\log_a c$

$\sqrt[n]{ab} = \sqrt[n]{a}$

$\log_{ro b} =$

학문의 즐거움을 설파한 일본의 수학자

전쟁의 와중에 수학에 사로잡힌 소년

히로나카[広中平祐]는 전쟁의 와중에 일본에서 교육받은 세대이지만 미국에 유학하여 대 수학자로 성장한 입지전적인 인물입니다. 그는 85세가 된 지금도 강의와 연구를 하며 정력적인 활동을 펼치고 있는데요. 1931년 일본 야마구치 현에서 태어난 히로나카는 유년기를 전쟁의 궁핍함 속에서 보냈습니다. 재혼한 그의 부모는 무려 열다섯 명의 자녀를 두었다고 하지요. 그중 일곱 번째 아이가 바로 히로나카였습니다. 히로나카는 중학생 시절에 피아노를 배우는 데 몰입했지만 연주에는 그다지 재능이 없었다고 해요. 그런데도 집에 피아노가 없었던 탓에 아침 일찍 기차를 타고 등교하여 학교 피아노로 연습하곤 했습니다. 그때의 영향으로 평생 고전 음악에 심취했던 그는 요즘도 음악 연주회에 가는 것을 생의 큰 낙으로 여깁니다.

히로나카를 수학의 길로 이끈 사건은 고등학교 재학 시절 일어납니다. 당시 히로시마 대학에서 수학을 가르치던 교수가 히로나카가 다니던 학교를 방문하여 대중 강연을 한 적이 있었는데요. 이 강연을 듣고 히로나카는 수학에 열광적으로 빠져들게 됩니다. 그러니까 히로나카가 평생을 걸쳐 좋아한 두 가지, 즉 수학과 음악은 모두 감수성이 예민했던 중고등학교 학생 시절에 싹이 튼 셈이지요. 어린 시절, 세상에 존재하는 다양한 분야들을 보고 경험하는 것이 중요한 이유입니다.

유카와 히데키

오스카 자리스키

히로나카는 재수 끝에 1949년 교토 대학에 입학했습니다. 당시 교토 대학에는 물리학자 유카와 히데키[湯川秀樹, 1907~1981]가 있었는데요. 그는 제2차 세계대전 직후에 패전국인 조국에 노벨상을 안겨서 전쟁의 상처 아래 신음하던 일본 국민에게 희망을 주었던 사람입니다. 그야말로 유카와는 만인의 영웅이었어요. 그 영향으로 히로나카 역시 물리학을 전공할 생각으로 대학에 입학했죠. 하지만 곧 본인의 수학적 재능을 깨닫고 전공을 수학으로 정합니다. 그러고는 당시 일본에 대수학 및 대수기하학을 도입하여 연구에 매진하던 아키주키 교수를 만나 그의 세미나 그룹에서 대수학을 사사하게 되지요. 히로나카가 대학원 석사 과정에 다니던 1956년의 일입니다. 아키주키 교수는 당대의 수학자 자리스키(Oscar Zariski, 1899~1986)를 교토 대학으로 초청했는데요. 그 자리에서 히로나카는 자리스키에게 자신의 관심사를 열심히 설명했고, 결국 자리스키의 초청으로 하버드 대학원에 입학하는 행운을 얻습니다. "기회는 숨어 있다가 난데없이 찾아온다"라는 말이 적용되는 경우라 할 수 있지요.

철학적 사유로 수학 난제를 풀다

물리학으로 시작해서 위대한 수학자의 반열에 오른 고다이라 구니히코[小平邦彦, 1915~1997]는 1954년에 필즈상을 수상하면서 아시아인 최초로 필즈상을 받은 수학자가 되었습니다. 히로나카는 그로부터 16년 후인 1970년에 아시아 출신으로는 두 번째로 필즈상을 수상합니다.

히로나카가 필즈상을 수상한 주 업적은 '특이점의 해소'에 관한 것이었는데요. 그의 자서전 격인 『학문의 즐거움』이라는 책에 쓴 내용을 보면 "모순과 문제로 가득한 세상도 그 너머에 있는 이상향의 투영"이라고 하는 다소 형이상학적인 우주관을 반영하고 있음을 알 수 있습니다. 어찌 보면 플라톤의 이데아론과 흡

고다이라 구니히코

사한 것 같기도 하고요.

'특이점'이란 게 무엇일까요? 수학책에 왜 '형이상학'이라는 말이 나오는 걸까요? 자, 우선 머릿속으로 다음과 같은 과정을 그려보세요. 여러분이 붓으로 큰 종이에 글을 쓰고 있습니다. 그런데 이때 손을 떼지 않고, 한 번 지난 곳을 다시 지나지도 않고, 또 급하게 방향을 바꾸지도 않으면서 쓰는 겁니다. 부드러운 그림은 나올 수 있겠지만 의미를 담은 글씨를 쓰기는 힘들겠지요? 붓으로 글씨를 쓰려면 붓이 떨어지는 순간이 있고 겹치는 지점도 생기게 마련이니까요. 이처럼, 즉 붓글씨를 쓸 때 붓이 두 번 지난 곳이나 급하게 방향을 바꾸느라 꺾인 곳과 같은 지점을 '특이점(singularity)'이라고 합니다. 특이점은 부드러움이 깨지고 문제(trouble)를 만드는 점인데요. 그 덕분에 흥미로운 모양이 생기고 의미의 전달이 가능해지기도 합니다.

오른쪽 그림을 보세요. 바닥에 그려진 2차원 곡선은 붓이 두 번 지난 점, 즉 특이점 하나를 가지고 있습니다. 이 곡선의 한쪽 끝을 잡고 위로 조금씩 올려나간다고 상상해보세요. 그러면 더 이상 특이점이 없는 부드러운 3차원 곡선이 만들어집니다. 밑에 있는 2차원 세계는 우리가 사는 세계를 상징하는데요. 여기에 있는 곡선에는 모순과 문제 덩어리인 특이점이 존재합니다. 하지만 우리 세계를 벗어나 한 차원 높은 3차원으로 가면 특이점이 없는 부드러운 곡선이 있습니다. 이 곡선이 우리 세계, 즉 2차원으로 투영된 것이 바로 우리의 문제 덩어리인 특이곡선이라는 것입니다. 따라서 인간의 번뇌도 완벽 그 자체의 다른 모습일 뿐이라고 설명할 수 있습니다. 지극히 불교적인 우주관이라고 할 수 있어요.

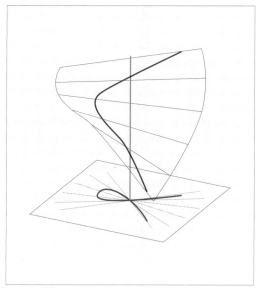

특이점

    히로나카는 이를 수학적으로 일반화하여 이러한 특이점은 모두 차원을 높이면 사라지게 할 수 있다는 것을 보여주었습니다. 흔히 '특이점의 해소(resolution of singularity)'라고 부르는 이론인데, 이 증명으로 그는 일약 스타 수학자가 되었고 일본인으로서 두 번째 필즈상을 수상하는 영예도 누렸습니다.

학문의 즐거움을 미래 세대에게 전하는 노수학자

히로나카는 여러 강연과 저술에서 스스로를 "평범한 지능을 가졌지만 학문의 즐거움에 대한 경험과 호기심을 가진 덕에 어느 정도 성취를 했다"라고 평가한 바 있습니다. 그의 뒤를 이어 필즈상을 수상한 세 번째 일본 수학자인 모리(Shigefumi Mori)에 대해 평하면서는 "두말이 필요 없는 대 천재"라고 했고요. 그의 말을 액면 그대로 받아들이기는 힘들지만, 그가 수학을 사유와 즐거움의 대상으로 삼은 것만큼은 사실인 듯합니다. 그래서 그는 학생과 일반인을 위해 집필한 자서전 『학문의 즐거움』에서도 수학을 통해 얻을 수 있는 즐거움과 삶의 자세에 대해 진지하게 말하고 있습니다. 이 책은 평범한 사람이 어떻게 필즈상을 탈 수 있었는가에 대한 이야기인데요. 그는 이렇게 말합니다. "나는 천재가 아니다. 유별나게 똑똑하지도 않다. 그저 평범한 사람으로서 쟁쟁한 천재들 사이에서 어느 정도 성공을 거둔 것뿐이다. 나 같은 사람도 성공했으니, 여러분도 할 수 있다."

자신의 인생을 바꾼 유년 시절의 경험 탓일까요? 그는 교육에도 매우 헌신적이었습니다. 일본수리과학재단을 만들어 고등학생 영재들에게 수학적 소양을 가르치고, 수학 분야로 해외에 유학하는 학생들의 경우 재정적으로 지원하기도 했지요.

그가 필즈상을 수상한 곳은 1970년 세계수학자대회가 열린 프랑스 니스였습니다. 그때의 감격 때문인지 그는 아시아에서 열린 최초의 세계수학자대회인 1990년 교토 세계수학자대회의 성공적 개최를 위해 전력을 다했습니다. 사재를 털어 대회에 참석하는 각국의 젊은 수학자들을 위한 여비 지원 프로그램도 운영했지요. 이 모두가 "나는 재능보다 더 많은 것을 평생 얻었으니 다음 세대에게 이를 돌려주어야 마땅하다"라고 하는 그의 평소 지론 덕분입니다.

히로나카는 한국과도 인연이 깊습니다. 2008년부터 3년간은 서울대에서 석좌 교수로 지내면서 매년 3개월씩을 보냈지요. 이 기간에 그의 강의를 듣고 대수기하학자가 되겠다고 결심한 학생도 여럿 있었다고 합니다. 그중 한 명인 허준이 박사는 대학원생 시절에 세계 최고의 권위지에 논문을 발표한 것을 시작으로 지금은 프린스턴 고등연구소에서 연구하는 스타 수학자가 되기도 했습니다. 그는 서울대 석좌 교수로 지내면서 받은 수입 대부분을 국내 학생들의 수학 교육을 위해 기부한 바도 있습니다. 미래 세대를 위해 일관된 관심과 애정을 기울인 이 노수학자를 어찌 평범하다고 말할 수 있을까요?

An equation means nothing to me unless it expresses a thought of God.
어떤 수학 방정식이 신의 뜻을 표현하지 않는다면 내게 아무 의미가 없다.

스리니바사
라마누잔

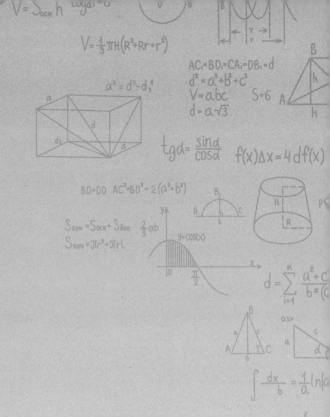

$V = S_{осн} h$

$V = \frac{1}{3}\pi H(R^2 + Rr + r^2)$

$a^2 = d^2 - d_3^2$

$AC = BD_1 = CA_1 = DB_1 = d$
$d^2 = a^2 + b^2 + c^2$
$V = abc \qquad S = 6$
$d = a\sqrt{3}$

$tg\alpha = \dfrac{\sin\alpha}{\cos\alpha}$ $\quad f(x)\Delta x = 4\,df(x)$

$BD = DD \quad AC^2 + BD^2 = 2(a^2 + b^2)$

$S_{кон} = S_{осн} + S_{бок} \quad \frac{2}{3}ab$
$S_{кон} = \pi r^2 + \pi r l$

$y = \cos(x)$

$d = \sum\limits_{i=1}^{n} \dfrac{a^2 + c}{b*(c}$

$ax +$

$\displaystyle\int \dfrac{dx}{b} = \dfrac{1}{a}\ln|a$

$\log_a$

$\sqrt[4]{ab} = \sqrt[4]{}$
$\log_{10} b =$

영감으로 비범한 수학을 일구다

현대 수학의 이단아

라마누잔(Srinivāsa Aiyangar Rāmānujan, 1887~1920)은 인도 최고의 카스트인 브라만으로 태어났습니다. 하지만 집안이 가난했던 탓에 어렵게 자라면서 독학으로 일가를 이룬 수학자로 유명합니다. 브라만이라서 그랬을까요? 당장 가족의 생계를 걱정해야 하는 처지에서도 끊임없이 수학 문제만을 사유했던 그를 가족들은 비난하기커녕 정신적인 지원을 아끼지 않았다고 합니다. 어쩌면 그의 비범함은 가족의 공으로 돌릴 수도 있겠네요. 어떤 사람들은 "라마누잔이 희대의 수학자로 성장한 이유는 정규 교육의 영향을 받지 않고 독자적 생각의 방식을 유지

할 수 있었기 때문"이라고 해석하면서 그를 현대 수학
최고의 이단아로 보기도 합니다.

2016년에 우리나라에서도 개봉된 영화 〈무한대를
본 남자〉는 바로 이 라마누잔의 일생을 다루고 있습
니다. 하늘이 내린 수학 천재와 그를 알아준 단 한 사
람인 괴짜 수학자 하디 교수와의 특별한 우정을 그린
영화이죠.

쿰바코남에 있는
라마누잔의 집 명패

평생을 바꾼 경험

라마누잔은 여러 면에서 독특하고 특출한 수학자였어요. 정규 수학자
로서의 교육을 받지 않았음에도 20세기 최고의 업적으로 불리는 수학
적 결과를 내었으며, 아직도 많은 이들을 고민에 빠트리는 어려운 난
제를 숙제로 남긴 비범한 수학자였습니다. 그런가 하면 평범한 대학생
이 배우는 복수 해석학에는 무지했다는 반전(反轉)의 인물이기도 하
고요.

많은 위인들은 대개 자신의 인생을 바꾼 특별한 경험을 가지고 있
습니다. 전율을 일으킬 만큼 강력한 경험이어서 평생을 두고 잊지 못
하는 그런 경험을요. 이런 경험들은 대부분 유년기에 오는 경우가 많
아요. 어린 학생들과 소통하고 그들이 보지 못한 세상을 이야기해주
는 노력이 가치 있는 이유입니다.

라마누잔에게는 그런 경험이 15세에 찾아옵니다. 어느 날 그는 『순
수수학요람』이라는 책자를 접하는데요. 이것은 대학 입학 전에 학습

하는 수많은 수학적 정리를 증명 없이 기록한 책이었습니다. 하지만 이 무미건조한 책이 그에게는 무한 도전의 꿈을 품게 해준 원동력이 되었고, 그를 새로운 사유의 세계로 이끌었지요. 더 이상 수학이 학습의 대상이 아니라 몰입하여 혼자서 깨우쳐나가는 대상이 된 것입니다. 이렇게 스스로 생각하고 깨우치는 습관은 라마누잔의 일생 동안 지속되어 그를 독창적인 문제해결 능력을 가진 비범한 수학자로 만들었어요.

어려움 속에서 귀인을 만나다

라마누잔은 15세 때 접한 책을 통해 수학적 사유의 세계로 빠져듭니다. 하지만 다른 과목에 대한 관심을 급격하게 잃으면서 대학에서 낙제하는 상황에 처하는데요. 집안 형편은 어렵지, 중매를 통해 나이 어린 신부를 맞아 결혼까지 했지… 가장으로서 그는 엄청난 책임감에 짓눌리게 됩니다.

우리는 살아가면서 몇 번쯤 어려운 상황을 만납니다. 그런데 그런 어려운 순간을 이겨낼 수 있도록 도와주는 손길도 있게 마련이지요. 그런 도움은 대개 자신을 정말 잘 이해하고 신뢰해주는 친구에게서 오는데요. 라마누잔에게 '그런 친구'는 한 번도 만나보지 못한 먼 나라 영국의 케임브리지 대학에서 수학자로 활동하던 하디(Godfrey Harold Hardy)였습니다.

인도에서의 삶은 고난의 연속이었습니다. 그런데 그 가운데 라마누잔의 비범함을 인식하는 이들이 하나둘 생긴 거예요. 생계 문제를 해

결할 수 있는 직장도 얻게 되었고요. 라마누잔
은 이러한 지원에 고무되어 영국의 수학자들에
게 자신의 연구 결과를 설명하는 편지를 보냅
니다. 몇몇 수학자들은 이를 거들떠보지 않았
지만, 하디와 리틀우드(John Edensor Littlewood,
1885~1977)는 달랐습니다. 라마누잔의 편지에
비상한 관심을 가졌고, 그 내용을 철저히 분
석합니다. 그러고는 엄밀한 증명이 결여되었음
에도 그 편지에서 비범한 천재의 냄새를 맡게
되지요.

갈루아가 15세 무렵이었을 때
친구가 그린 초상화

여기서 잠깐, 라마누잔의 편지를 거들떠보지 않았던 수학자들을 변
호할까 합니다. 직업적인 수학자들은 평상시에 많은 아마추어 수학자
로부터 "나의 연구 결과를 평가해주세요." 하는 요청을 받곤 합니다.
하지만 그 많은 글을 일일이 읽고 판단하기란 생각처럼 간단한 일이
아닙니다. 100개 중에 99개는 최소한의 논리적 구조조차 갖추지 못한
경우라서 직업적인 수학자들이 시간과 재능을 낭비하기 일쑤지요. 그
러므로 처음에는 몇 번쯤 시도하다가 이내 읽기 자체를 포기하게 되
는 경우가 많습니다. 심지어 갈루아(Évariste Galois, 1811~1832)가 5차 방정
식의 근이 존재할 수 없음을 증명한 지 200년이 넘은 오늘날에도 이
러한 근의 공식을 발견했다고 주장하며 논문을 보내는 아마추어 수학
자들이 있을 정도예요. 임의의 각의 삼등분 법이 있으면 우주의 질서
에 반함을 의심의 여지없이 증명한 갈루아의 아름다운 증명이 있는데
도, 복잡하기 그지없는 방법을 통해 이를 해결했다는 주장이 난무하

라마누잔(가운데)과 하디(맨 오른쪽), 그리고 케임브리지 대학교 트리니티 컬리지에서 수학한 동료 과학자들의 모습이다.

는 가운데 무조건 인내심을 발휘하기란 어려운 일이잖아요?

무엇이 하디와 리틀우드에게 이 편지들을 주의 깊게 읽게 했는지를 이해하기란 쉽지 않습니다. 하지만 그 결과는 라마누잔의 인생을 바꾸는 계기가 되었어요. 하디는 결국 라마누잔을 케임브리지에 초청했고, 라마누잔은 5년간 영국에 머물면서 20세기를 빛낸 많은 연구 결과물을 내놓습니다. 하디는 라마누잔의 열렬한 옹호자가 되어 그의 연구를 지원했고, 그 결과가 세상에 알려지도록 노력을 아끼지 않았습니다. 최고의 교육을 받은 엘리트 수학자 하디가 오늘날엔 라마누잔의 비범함을 일찍 이해해준 공로로 기억되다니, 세상에는 예상하지 못한 일들도 많이 일어나지요?

영감으로 얻은 비범한 결과

라마누잔은 그의 연구 결과를 노트에 기록하곤 했는데요. 엄밀한 증명 없이 기록한 경우가 많아서 후대의 사람들을 혼란에 빠트리곤 했습니다. 그의 사후에 발견된 '라마누잔의 잃어버린 공책(Ramanujan's lost notebook)'은 그가 영감으로 얻은 결과를 증명 없이 기록한 것으로서 미국의 수학자 조지 앤드루스(George Andrews)와 브루스 번트(Bruce Berndt)는 이 공책의 결과 중 일부를 증명하여 여러 권의 책으로 출간했습니다. 베토벤의 마지막 교향곡이 제9교향곡임에도 불구하고 발견되지 않은 제10교향곡이 있다는 주장이 많은 이들의 가슴을 설레게 했던 것처럼, 라마누잔의 잃어버린 공책의 존재는 아직도 많은 수학자들의 가슴을 설레게 만드는데요. 그 내용의 진위를 가리는 작업도 여전히 진행 중입니다.

훌륭한 수학자들의 집중적인 노력을 통해서 겨우 일부분만 증명할 수 있었던 이런 수학적 결과를 라마누잔은 어떻게 찾아낸 것일까요? 하디는 라마누잔이 정규 교육을 받지 않고 스스로의 독자적 사유만으로 이러한 작업이 가능했다고 믿었습니다. 그래서 라마누잔이 대학 수학을 공부하도록 강요하지 않았어요. 오히려 이러한 학습이 그의 독창적 사고를 저해할 수 있다고 보았

쿰바코남 사스트라 대학에 있는 라마누잔의 동상

기 때문입니다.

라마누잔은 자신의 수학적 발견이 논리적 사유의 결과라기보다 종교적 명상의 과정에서 얻어진 깨달음 같은 것이라고 간주했어요. 즉, 어떤 복잡한 과정 없이 결과 자체가 하나의 그림으로 자신에게 보이곤 했다는 것입니다. 그는 "명상과 추론의 경계가 무엇인가?"를 묻는 질문엔 명확하게 답하지 않았는데요. 하지만 그가 명상으로 얻었다고 했던 수많은 수학적 증명을 철저하게 논리적인 추론을 통해 증명할 수 있다는 것이 후대의 노력으로 드러났습니다.

수준 높은 교육에 익숙하지 않았던 라마누잔은 어쩌면 자신이 이루어낸 업적의 과학적 함의를 이해하지 못했을지도 모릅니다. 이런 이유로 "라마누잔의 업적에는 수학적 깊이가 없다. 기초적인 수학을 현란하게 사용한 것일 뿐이다"라는 비판이 나온 것도 사실이고요. 하지만 분할 수나 보형 형식에 관한 그의 비범하고 아름다운 공식은 오늘날 소립자 이론에까지 큰 영향을 미쳤고, 그 수학적 깊이도 재발견되고 있는 실정입니다. "라마누잔의 공식은 아름다울 뿐만 아니라 실질적 영향력까지 갖추고 있다"라는 평가와 더불어서요.

학교 교육에서 접한 수학이 전부인 우리에게도 자신만의 사유와 명상을 통해 새로운 이해에 다다르는 방식으로서 수학을 접하게 될 날이 오게 되기를 기대합니다.

무한대를 본 남자

머릿속에 그려지는 수많은 공식들을 세상 밖으로 펼치고 싶었던 인도 빈민가의 수학 천재 '라마누잔'. 그의 천재성을 알아본 영국 왕립학회의 괴짜 수학자 '하디 교수'는 엄격한 학교의 반대를 무릅쓰고 케임브리지 대학으로 라마누잔을 불러들인다.

성격도 가치관도 신앙심도 다르지만 수학에 대한 뜨거운 열정으로 함께한 두 사람은 모두가 불가능이라 여긴 위대한 공식을 세상에 증명하기 위해 무한대로의 여정을 떠나면서 역사상 가장 지적인 브로맨스가 시작된다!

영화 〈무한대를 본 남자〉 포스터

No, no. These concepts were not dreamed up.
They were natural and real.
이런 개념은 만들어낸 게 아니에요. 정말 자연스럽고 실제하는 것이거든요

천싱선

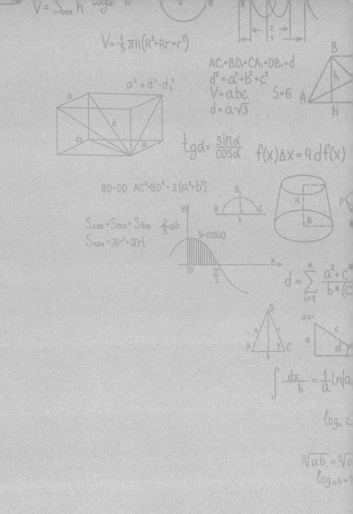

$V = S_{осн} \, h$

$V = \frac{1}{3}\pi H(R^2 + Rr + r^2)$

$a^2 = d^2 - d_3^2$

$AC_1 = BD_1 = CA_1 = DB_1 = d$
$d^2 = a^2 + b^2 + c^2$
$V = abc \qquad S = 6$
$d = a\sqrt{3}$

$tg\alpha = \dfrac{\sin\alpha}{\cos\alpha} \quad f(x)\Delta x = 4\,df(x)$

$BD = DD \quad AC^2 + BD^2 = 2(a^2 + b^2)$

$S_{кон} = S_{осн} + S_{бок} \quad \frac{2}{3}ab$
$S_{кон} = \pi r^2 + \pi r l$

$y = \cos(x)$

$d = \sum\limits_{i=1}^{n} \dfrac{a^2 + c^2}{b \ast (c}$

$ax +$

$\displaystyle\int \dfrac{dx}{b} = \dfrac{1}{a}\ln|a$

$\log_a c$

$\sqrt[n]{ab} = \sqrt[n]{c}$
$\log_{10} b =$

20세기 기하학의 방향을 바꾼 동양의 작은 거인

중국 지성사의 자랑

20세기 최고의 기하학자로 여겨는 천싱선[陳省身, Shing-Shen Chern, 1911~2004]은 위대한 기하학자일 뿐 아니라, 젊은 수학자들에게 영감을 주는 최고의 스승이었고, 지구 도처에 명성 있는 수학 연구소를 설립한 탁월한 리더이기도 했습니다. 2013년 11월, 미국 공영방송인 PBS에서 그의 일대기를 그린 다큐메터리 〈길게 세상 보기(Taking the Long View)〉[*]를 방영했을 만큼 20세기에 남긴 그의 발자취는 확고합니다.

---

[*] 동영상 감상 https://vimeo.com/16185312

천싱선은 청나라 시대에 태어나 만 한 살 때 공화국으로 바뀐 중국에서 자라며 교육을 받았어요. 칭화 대학에 서 석사학위를 받았는데, 이는 중국에 서 수여된 역사상 최초의 석사학위라 고 기록되어 있습니다. 그 후 독일에 가 서 박사학위를 받았지만 수학자로서의 삶을 대부분 미국에서 보냈지요.

시카고 대학과 버클리 대학에서 30여 년간 근무하고 은퇴한 뒤에는 중국에 돌아와 중국 수학을 현대화하는 데 여

천싱선의 박사 논문 특별판(1936)

생을 바쳤습니다. 어릴 적 친구인 노벨물리학상 수상(1957)자인 양전닝 [楊振寧, 1922~]과 함께 말이지요. 고국인 중국에 돌아와 후학을 기르며 과학 연구의 씨앗을 뿌린 선각자로서 천싱선은 지금도 여전히 중국인 들의 지극한 존경과 사랑을 받고 있습니다. 80년대 그가 중국을 방문 했을 때의 일화가 있는데요. 당시 천싱선은 모교인 난까이에 수학 연 구소를 설립하고 있었는데 중국의 모든 아이들이 그의 이름을 알고 있었고, 그가 어디를 가든 TV 카메라가 따라다니며 일거수일투족을 촬영했다고 합니다. 마치 유명한 아이돌스타를 대하는 것처럼요.

수학자들 사이에서는 흔히 '천(Chern)'이라고 하면 곧바로 천싱선으로 통합니다. 그의 성인 진(陳)은 중국에서는 흔한 성으로 'Chen'으로 쓰는 게 보통인데요. 그가 1934년 독일로 유학가면서 이런 방식으로 표기한 모양이에요. 언젠가 들은 우스개 중에 얼핏 떠오르는 게 있습니다. 중국

의 陳씨 성을 가진 어떤 대학원생이 있었대요. 이 학생이 유학을 가기 위해 여권을 신청하면서 자기 이름의 영문 표기를 'Chern'으로 했다는 거예요. 그러자 이를 전해들은 지도 교수가 그를 불러 몹시 야단치면서 당장 'Chen'으로 바꾸라고 호통을 쳤다고 합니다. 영문도 모른 채 주눅이 잔뜩 들어 연구실을 나서는 학생의 뒤통수에 교수가 뭐라고 중얼거렸는지 아세요? "이 세상에 'Chern'이라는 성을 쓸 수 있는 분은 오직 한 분뿐이야. 감히 주제를 모르고!"였다고 합니다. 이쯤 되면 중국인들이 얼마나 천싱선을 존경하는지 짐작할 수 있겠지요?

기하학의 역사를 새로 쓰다

천싱선은 함부르크에서 박사학위를 받은 뒤 파리로 건너갑니다. 그리고 그곳에서 수학자 카르탕(Élie Joseph Cartan, 1869~1951)을 만나 그 밑에서 잠시 연구한 뒤에 중국으로 돌아갔는데요. 당시 그의 모국인 중국은 공산당이 집권하고 있던 터였기에 천싱선은 다시 미국으로 건너가 프린스턴의 고등연구소에서 연구하게 됩니다.

1940년대는 그의 수학자로서의 인생에 중요한 시기였습니다. 이때 천싱선은 미분 기하학의 역사에 두고두고 남을 주요 업적을 쌓았지요. 가우스-보네 정리의 우아한 증명을 발표하며 '특이류(characteristic class)'라는 개념을 도입했는데, 이 기하학적 불변량은 이제 '천류(Chern class)'라고 불립니다. 이 개념은 미분기하학을 넘어서 위상수학과 대수기하학에까지 큰 영향을 끼쳤고, 많은 수학자들의 집중적인 후속 연구를 통해서 현대 기하학에서는 사고의 주요 도구로까지 여겨질 만큼 필수 불가결한 요소가 되었습니다.

1970년대에는 당시 젊은 수학자였던 사이먼스(James Harris Simons, 1938~)와 함께 논문을 썼는데요. 이 논문의 결과는 지금 '천-사이먼스 이론'으로 불리며 이론물리학의 게이지 이론에 지대한 영향을 끼치게 되었습니다. 천싱선에게 큰 영향을 받은 사이먼스는 평생 그를 스승이자 친구로 여겼지요. 이 영특한 젊은 수학자는 그 뒤에 투자계에 뛰어들어서 큰 부자가 되었습니다. 르네상스 테크놀러지(Renaissance Technology)라는 투자회사를 창업해서 오늘날 한국 최고의 거부인 이건희 회장보다 더 부자가 된 사이먼스는 그의 스승이 버클리에 세운 수리과학연구소(MSRI)에 상당한 기부를 해서 '천 강당(Chern Hall)'이 건립되는 데 기여했을 뿐 아니라 많은 젊은 수학자들이 이곳을 방문하여 연구할 수 있도록 지원하고 있습니다. 2010년부터 세계수학자대회 개막식에서 필즈 메달과 함께 주요한 수학적 업적을 기리며 수여하는 '천 메달(Chern Medal)'의 상금 50만 달러도 대부분 그가 지원하고 있지요. 이처럼 멋진 억만장자 사이먼스가 지난 2014년 서울에서 열린 세계수학자대회에서 대중 강연을 하면서 이런 얘기를 했습니다. 자신이 어린 시절에 가족 주치의가 있었는데 자신에게 "너처럼 영특한 아이는 의사가 돼야 한다"라고 말하곤 했대요. 그때 잠깐 마음이 흔들리기도 했지만 결국 그 충고를 받아들이지 않은 게 자신이 인생에서 한 일 중 가장 잘한 결정이었다고 회고하더군요. 요즘 우리나라 이공계 학생들은 성적이 우수하면 할수록 의대에 진학하는 비율이 높은데요. 순수과학에 대한 열망이 있는데도 앞일을 미리 걱정해서 진로를 결정하는 것은 아닌지 한 번쯤 돌아보았으면 좋겠습니다.

위대한 비전을 가진 리더

천싱선은 세계 도처에서 지내며 족적을 남겼습니다. 젊은 수학자들에게는 영감을 주었고, 여러 개의 수학 연구소를 건립했지요. 또한 1981년에는 미국 연구재단의 지원을 받아 버클리에 수리과학연구소(MSRI)를 건립하고, 그곳의 초대 연구소장으로서 기틀을 닦았습니다. MSRI는 이제 세계 최고의 수학 연구소 반열에 올라 있는데요. 타이완 북부 타이베이 시에 위치한 Academia Sinica 소속의 수학 연구소(Institute of Mathematics)도 그가 40년대에 설립해서 당대 중국의 주요 수학자들을 길러냈던 곳입니다. 그 뿐인가요? 1984년에는 난까이 대학에 난까이 수학 연구소를 설립했는데요. 이 연구소는 현재 '천 수학 연구소(Chern Institute of Mathematics)'로 이름이 바뀌었지요. 천싱선은 80년대에 이르러 휠체어를 타야 할 만큼 건강이 좋지 않았어요. 그러자 중국 정부는 그가 연구소에 오가는 데에 불편함이 없도록 연구소 바로 옆에 기거

MSRI 입구(2011)

천 수학 연구소(Chern Institute of Mathematics)

할 수 있는 집을 지어주었습니다. 국가가 한 명의 학자를 이렇게 극진히 예우하기도 하는 거지요.

이러한 세계적인 연구소 건립이 여러 번이나 가능했던 이유는 물론 천싱선의 세계적인 명성과 그의 강력한 설득력 덕분이었습니다. 말년에 그는 생전에 중국에서 세계수학자대회가 개최되는 것을 보고 싶어 했는데요. 이를 당시 국가 주석이던 장쩌민 당서기에게 호소하여 국가 차원의 대회 유치 노력을 전개한 끝에 결국 2002년 베이징에서 세계 수학자대회를 개최할 수 있게 되었습니다. 2002년 당시 그는 대회의 명예조직위원장을 지냈고, 2년 뒤인 2004년 사망했지만, 이 대회는 중국 수학을 획기적으로 글로벌화하는 데 크게 기여했어요.

저는 유학생 시절에 천싱선을 만난 적이 있습니다. 국내에서 군복무를 하느라 2년 정도 휴학을 했다가 버클리로 막 돌아온 1993년이었는데요. 당시 대학원 담당 부학과장이던 커비(Rob Kirby) 교수와 면담하고 있었을 때였어요. 누군가 노크도 없이 부학과장실 방문을 열어젖히고 들어오는 게 아니에요? 깜짝 놀란 저를 더 놀라게 했던 것은 커비 교수의 태도였습니다. 그렇게 빠를 수 있을까 할 만큼 빛의 속도로 일어나서는 문을 박차고 들어온 동양인 노신사 앞에 마치 잘못을 저지른 아이처럼 손을 가지런히 모으고 고개를 숙였으니까요. 그 노신사가 바로 세기의 기하학자 천성선이었습니다. 그의 지도를 받은 적 있는 훌륭한 위상수학자 커비에게는 얼굴도 감히 쳐다보기 힘든 위대한 인간이었던 것입니다.

천성선 교수는 중국에서 잠시 접한 재능 있는 여학생의 버클리 입학이 거부되자 그 이유를 알고 싶어 몸소 행차했던 터였는데요. 당시 천성선은 중국의 우수한 학생들을 미국과 유럽에 유학 보내서 공부하도록 지원하고 있었다고 합니다. 또한 서양의 우수한 학자들이 중국을 방문하여 강연하도록 초청하는 일도 열심히 하고 있었고요.

노 수학자의 현장 추천을 받은 커비 교수는 즉시 관련 위원회를 소집했고, 그 여학생은 다음 학기에 버클리의 전액 장학금을 받으며 공부하게 되었습니다. 84세의 나이에 '핀슬러 기하학(finsler geometry)*'에 대한 소개의 글을 미국 수학회지에 실을 정도로 끊임없는 지적 작업에 몰두했던 이 위대한 학자에 대한 존경의 정도를 목격하고, 동양인으로서 경이로움을 넘어 자부심까지 느꼈던 기억이 어제 일처럼 생생합니다.

---

* 리만 기하학에서 길이의 개념으로 흔히 사용하는 2차 조건을 없애고 일반화한 기하학을 말한다.

더 읽어보기

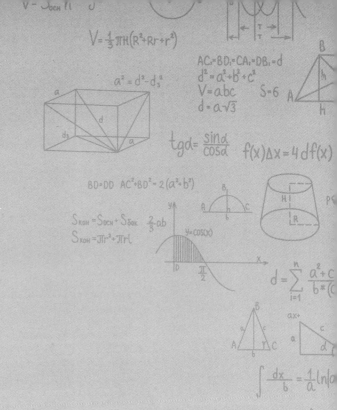

박형주의 色다른 수학 칼럼

수학자는 따분하다고?

영화 〈브리짓 존스의 베이비〉의 주인공은 43세의 영국 방송국 토크쇼 연출자다. 강남스타일 음악에 맞추어 멋지게 춤을 추는 쾌활한 미혼 여성이다. 10년간 사랑하던 변호사 마크와의 관계에서 좌절을 느끼던 차에 우연히 만난 미국인 잭과 하룻밤을 보낸다. 그다음 주에는 마크를 만나게 됐는데, 가족 문제로 힘들어하는 그를 위로하다가 그만… 임신한 사실을 알게 되지만 아이 아빠가 마크인지 잭인지 알 수 없는 상황이다.

잭은 수학자 출신으로 억만장자가 된 사람이다. 수학 알고리즘으로 중매 사이트를 만들어서 인기를 끌었다. 브리짓이 연출하는 토크쇼에 출연하게 된 잭이 무대 위에서 겪는 상황은 수학자에 대한 정형화된 이미지를 보여준다. 브리짓의 보스는 공격적인 성향의 여성인데, 잭이 누구와 사랑에 빠진 적이 없는지 등의 가십거리에만 관심이 있다. 수학은 따분해서 방송 콘텐츠로의 가치가 없다고 생각하고, 잭이 자기 알고리즘 얘기를 하려고 하면 대화를 다른 데로 돌리라고 한다.

영화 〈브리짓 존스의 베이비〉 포스터

영화는 스테레오 타이프에 충실하다. '따분한 수학자'와 '수학을 따분하게 여기는 방송인', 게다가 수학자가 사랑하는 여성을 뺏기는 결론까지 말이다. 그러니까 수학이 재미없다는 고정 관념은 어디나 똑같다. 학창시절 수학으로 받은 상처 때문에 평생 그 생각 바꾸지 않으리라 결심한 사람은 우리나라에만 있는 게 아닌가 보다.

물론 이런 고정 이미지는 공정하지 않다. 영화 〈인터스텔라〉에서 물리학

영화 〈인터스텔라〉 포스터

자를 연기한 앤 해서웨이는 실제로 과학에 대한 개인적 관심이 높다고 한다. 파티에서 만난 물리학자에게 '초끈 이론'을 묻고 '쿼크'에 관해 설명해달라고 했다는 전설이 따라 다닌다.

다니카 맥켈라는 TV 시리즈 〈케빈은 열두 살〉 등에 출연했던 아역 배우 출신의 영화배우다. 수학 대중서를 4권 쓴 뉴욕 타임스 베스트셀러 작가이기도 하다. 대학 재학 중에는 퍼콜레이션에 대한 난해한 제목의 연구논문을 저널에 출간하기도 했다. 미국 UCLA 대학 수학과를 최우등으로 졸업한 그녀는 미국 소녀들을 수학의 매력에 빠지게 하겠다는 결의로 뭉친 듯하다.

한때 사이먼과 가펑클로 인기 있었던 가수 아트 가펑클은 컬럼비아 대학교에서 예술사를 전공한 뒤에 수학 석사학위를 받았다. 수학자와

영화 〈뷰티풀 마인드〉 포스터

가수의 꿈 사이에서 고민하다가 가수의 길을 택했지만, 가수로서의 정점에 있던 시절에 수학 교육학 박사 학위를 수료했다. 이쯤 되면 열혈 학구열이라고 할 만하다.

2001년 영화 〈뷰티풀 마인드〉는 정신병으로 고통을 받는 천재 존 내쉬를 그리면서 수학자는 자신만의 세계에서 사는 특이한 사람이라는 인식에 한몫했다. 2016년 우리나라에 상영된 영화 〈무한대를 본 남자〉도 스스로의 천재성으로 어려운 문제를 해

결하는 전형적인 천재 라마누잔을 그렸다. 반면에 〈N은 수(數)다: 폴 에르되시의 초상〉은 수학자에 대한 아주 다른 시각을 드러낸 다큐멘터리다. 무소유의 자유로운 삶을 살며 세상을 떠돌던 수학자 폴 에르되시의 이야기다. 평생 정처 없이 여행하며 수많은 수학자와의 토론으로 문제를 해결해나갔던 사람을 그리며, 영감의 교환을 통해 수학적 발견이 이루어진다는 메시지를 전한다.

자신만의 세계에서 깊은 사념에 빠지다가 소통을 통해 돌파구를 찾는 것. 어느 분야든 난제 해결의 본질은 크게 다르지 않다.

천재들의 브로맨스

러셀 광장은 런던 대학 근처에 있는 공원이다. 이 공원 옆에 있는 '드 모르간 하우스'는 수학적 귀납법을 체계화한 영국 수학자의 이름을 땄다. 건물의 주인은 런던수학회이고 건물 안에서 가장 큰 회의실은 '하디 룸'이다. 한 시대를 풍미했던 러셀과 하디라는 두 이름을 한 골목에서 볼 수 있다.

하디는 2016년에 개봉됐던 영화 〈무한대를 본 남자〉에서 인도 수학 천재의 든든한 후원자이자 친구로 나왔다. 인도의 가난한 집안에서 자라며 교육도 변변히 받지 못한 라마누잔을 케임브리지 대학에 초청하여 천재성을 꽃피게 해준 바로 그 사람이다. 하디 자신도 훌륭한 수학자였지만, 자기 평생의 가장 큰 성취는 라마누잔을 발견한 것이었다고 털어놓곤 했다. 천재와 교수의 브로맨스를 다루는 이 영화는 맷 데이먼이 주연한 영화 〈굿 윌 헌팅〉의 실화 버전에 가깝다.

러셀 광장

영화 〈굿 윌 헌팅〉 포스터

버트런드 러셀은 할아버지가 영국 총리를 두 번 역임한 명문 집안에서 태어났다. 비유클리드 기하학 논문을 쓴 수학자였고, 칸토르 집합론의 한계를 넘기 위해 러셀 패러독스를 창안한 논리학자였으며, 화이트헤드와 함께 『수학 원리』를 저술한 철학자였다. 하지만 정작 그의 1950년 노벨상은 정력적인 저술 작업에 대한 문학상이었다.

러셀과 하디와 라마누잔은 5년의 기간 동안 영국에서 여러 갈래로 얽

힌다. 라마누잔이 인도를 떠나 케임브리지에 도착한 것은 1914년이었고, 박사 학위를 받은 것은 1916년, 영국 왕립학회의 역사상 최연소 펠로로 선출된 건 1918년인데 같은 해에 케임브리지 트리니티 칼리지의 펠로가 됐다. 교수가 된 것이다. 러셀은 제1차 세계대전 기간에 평화운동을 벌이다 1916년 케임브리지의 트리니티 칼리지 교수직에서 해임됐다. 하디는 러셀 구명 운동에 나서지만, 결국 라마누잔이 1919년에 인도

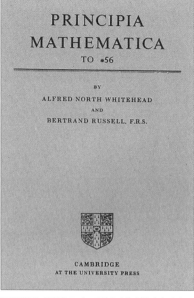

PRINCIPIA
MATHEMATICA
TO ∗56

BY
ALFRED NORTH WHITEHEAD
AND
BERTRAND RUSSELL, F.R.S.

CAMBRIDGE
AT THE UNIVERSITY PRESS

『수학 원리』 요약본 표지. 56장까지만 수록되어 있다.

로 돌아가자 옥스퍼드로 자리를 옮긴다. 하디가 트리니티를 떠난 이유는 분명하지 않다. 러셀이 없는 곳, 라마누잔도 떠난 곳에 더는 머무르기 싫어서였을까? 하지만 1931년에 하디는 케임브리지 교수로 되돌아간다.

런던수학회는 왜 학회 건물에서 가장 큰 방을 하디 룸이라고 했을까? 대개 학문 분야에서는 학자들의 결사체가 있어서 학문적 진전의 확인과 기록, 그리고 난제 해결을 위한 생각의 교환 매체 역할을 한다. 수많은 학술대회를 개최하고 논문지를 발간해서 우리가 무엇을 알고 무엇을 모르는지를 정리하고 드러낸다. 보통은 각 나라 수학자들의 모임이라는 성격 때문에 미국수학회나 대한수학회처럼 국가 이름이 앞에 붙는다.

반면에 영국은 런던수학회나 에든버러수학회 같이 도시명이 붙은 수학회가 몇 개 있다. 오랜 영연방 역사의 산물인데, 통상적으론 런던수학회가 영국수학회 역할을 한다. 하디는 70세의 나이로 1947년 사망할 때까지 독신이었기 때문에 상당한 재산을 런던수학회에 기부했다. 덕분에 수학자들이 내는 연회비에 의존해서 근근이 살림을 꾸려 나가던 런던수학회는 건물을 샀고 건물 내 일부 공간을 타 학회에 대여해 안정된 재정 구조를 가질 수 있게 됐다. 학술지 발간 등의 활동에서 세계적으로 드문 규모와 수준으로 성장하는 동력이 됐음은 물론이다.

한 시대를 풍미한 대학자들의 선의와 지적 우정의 흔적이 오늘날까지 긴 여운을 남기는 곳, 러셀 광장. 이곳에 서면 화려한 업적에 가려진 수학자들의 인간적인 모습이 더 따뜻하고 선연하게 보인다.

독일軍 암호 깬 '생각하는 기계'… 인공지능의 시작이 되다

〈이미테이션 게임〉은 2015년에 국내에서 개봉한 영화의 제목이다. 영화 〈셜록〉의 주인공으로 국내에 잘 알려진 베네딕트 컴버배치와 〈비긴 어게인〉의 키이라 나이틀 리가 주연을 맡았다. 그 전에 대성공을 거둔 과학영화 〈인터스텔라〉 정도는 아니었지만, 전쟁을 끝내는 데 기여한 한 천재의 비극적 인생을 통해 여러 이슈를 만든 것으로 유명하다.

이 영화는 위대한 수학자 앨런 튜링에 대한 이야기다. 영국 출신의 수학자인 튜링은 '현대 컴퓨터 과학의 아버지'라고도 불린다. 대학에서 전산학 입문이나 이산수학 입문 과목을 수강하면 반드시 배우는 '튜링 머신'이라는 개념이 바로 이 사람의 이름을 딴 것이다. 기계가 인간의 뇌를 흉내 내게 할 수 있는가의 문제에 답한 첫 사람으로 문명사에 기록될 사람이다.

영화는 제2차 세계대전이라는 긴박한 상황을 배경으로 튜링의 젊은 시절에 많은 장면을 할애한다. 수학자 튜링이 독일군의 유보트 관련 암호를 해독하여 제2차 세계대전의 방향을 바꾸고 연합군의 승리를 이끌어냈음을 보여주면서, 수학이 인류에게 중대한 영향을 끼친 사례 하나를 묘사했다. 영국 총리이던 윈스턴 처칠은 "연합군의 승리에 가장 심대한 영향을 끼친 한 사람을 고르라면 바로 앨런 튜링이다"라고 말했다.

영화 제목인 '이미테이션 게임'은 '모방 게임'이라는 뜻인데, 이 표현은 튜링이 1950년에 쓴 논문에 나온다. "기계도 생각할 수 있는가?"라는 질문을 다루는 논문으로서 인공지능 개념을 공상의 세계에서 과학의 영역으로 가져온 논문이다.

"기계가 생각할 수 있는가?"라는 질문을 하려면, "생각한다는 게 무엇인가", "도대체 어느 정도이면 생각할 수 있다고 볼 것인가"라는 질문과 마주서야 한다. 생각한다는 것이 기준도 없고 영 과학적이지 않기 때문이다. 튜링은 인공지능 여부의 측정법을 제시했는데 그것이 이미테이션 게임이다. 생각할 수 있다는 게 무엇인가를 수학적으로 정의한 것인데 전문 용어로는 '튜링 테스트'라고도 불린다. 즉, 이 테스트를 통과하는 기계는 생각할 수 있는 기계라고 하자라고 약속한 것이다.

영화에서는 제2차 세계대전을 배경으로 독일군과 연합군의 암호전이 다루어진다. 당시 독일군이 사용하던 난공불락의 암호기계인 에니그마로 암호화된 메시지를 해독하기 위해 분투하는 수학자 튜링의 모습이 전쟁의 긴박함과 함께 묘사되었다. 그러니까 영화는 에니그마와 앨런 튜링의 대결을 다룬 것인데, 더불어서 튜링의 인간적인 측면까지 다루고 있다. 동성애자로 핍박받은 것 등 논란이 될 수 있는 부분마저 담담하게 다루었다.

최근 우리나라에서도 카카오톡 감청이 문제되면서 사이버 망명사태가 있었다. 서버를 외국에 두었을 뿐 아니라 높은 수준의 암호 알고리즘을 사용하는 텔레그램 같은 메시지앱이 관심을 받은 것이다. 개인정보의 보호라거나 사이버 보안에 대한 관심은 이제 인류의 보편적 문제로 바뀌고 있는데, 수학이 왜 이런 문제와 관련이 있는 걸까? 고대 문명에서도 중요한 정보를 지키려고 하고 알아내려고 하는 보이지 않는 정보전이 있었다. 수학은 이런 정보전의 역사 도처에 등장한다.

이런 암호화는 대부분 상당히 높은 수준의 수학을 사용하는데, 역사적으로는 기원전 5세기경 그리스와 페르시아 사이의 전쟁에서 사용된 기록이 있다. 로마의 줄리어스 시저도 암호를 애용했는데, 이 암호는 암호론 교과서의 도입부에 '시저 암호'라는 이름으로 소개되곤 한다. 알파벳의 자릿수를 몇 자리 이동하는 초보적인 방식이라서 해커가 횡행하는 오늘날에는 사용되지 않는다. 미국의 남북전쟁 중에도 남부연합은 사이퍼 디스크라는 방식의 암호를 사용했다.

1918년 독일의 아르투르 쉐르비우스가 만든 에니그마라는 암호화 기계는 역사상 최강의 보안성을 자랑했는데, 튜링의 해독 이전에는 정말 난공불락으로 여겨졌다. 오늘날에는 인터넷 상거래 과정이나 교통카드 등에 공개키 암호 방식이 광범위하게 쓰인다. 이는 RSA 암호라거나 타원곡선 암호 같은 대단히 수학적인 이론에 기반하고 있다.

일본의 아베 신조[安倍晋三] 총리는 2020년에는 틀림없이 무인자동차가 도쿄[東京] 거리를 주행할 거라고 공개적으로 약속하면서, 무인자동차 상용화는 국가 간 자존심 전쟁의 양상을 띠게 되었다. 무인자동차가 길거리에 나가기 전에 해결해야 할 마지막 과제가 해킹에 대한 대비이다. 이를 위해 기존 수학적 암호론의 다양한 방식이 도입될 수밖에 없다. 그러니 전쟁의 향방뿐 아니라, 인터넷 시대의 필수 요소가 된 정보보호에도 수학이 깊이 들어가 있는 것이다.

현대 암호에서 자주 사용되는 타원곡선은 특정한 모양의 3차 방정식으로 표현되는 평면 곡선을 말하는데, 특이하게도 이 곡선에 연산을 잘 정의하면 점들을 곱하고 나누는 게 가능하다. 이런 성질을 갖는 집합을 '군(group)'이라고 한다. 불세출의 천재인 프랑스 수학자 갈로와에 의해 도입되었고, 물리학이나 화학에서도 자연의 대칭성을 표현하는 도구로 널리 쓰인다. 타원곡선이 군이 된다는 사실을 이용하면, 점 a를 몇 제곱하면 점 b가 되는가라는 문제를 풀 수 있다. 이 미지의 수 x를 찾는 문제는 마치 로그를 계산하는 문제와 같아서 이산로그 문제라고 불린다. 바로 이 문제를 푸는 게 어렵다는 사실을 이용해서 만든 암호가 타원곡선 암호인데, 우리나라에서도 교통카드의 보안을 위해서 사용되는 등 인터넷 상거래의 보호를 위해서 널리 쓰인다.

군론의 역사에 중요 기여자로 등장하는 한국인 수학자도 있다. 현대수학의 중요 영역과 성취를 소개하고 주요 기여자를 적은 책인 듀도네의 『현대수학의 파노라마』라는 책에서 한국인은 'Group Theory' 분야의 이림학 교수가 유일하다. 20세기를 풍미한 최고 수학자의 대열에 끼어 있다고 단언할 수 있고, 최근 광복 70주년을 기념하여 정부가 선정한 과학기술 70선에 선정되기도 했다. 유한체 상에서의 Lie 군의 특정 유형이라고 볼 수 있는 Ree 군 이론을 창안했다.

이림학 교수는 캐나다에서 주로 활동했지만 정치적 신념 때문에 국내에는 잘 알려지지 않았다. 오랜 망명생활 끝에 1985년 서울대를 방문해서 특강을 했는데 당시 강의실 칠판에 큼직하게 'Langlands program'이라고 쓰고는 필기 없이 거의 말로만 강의한 게 이채로웠다. 본인이 학부 지도교수를 맡았던 랑그랭즈라는 학생이 프린스턴 교수가 되어 불세출의 수학자가 된 것에 대한 기쁨을 피력하면서 국내 학생들도 자잘한 수학만 하지 말고, 이런 중심 문제, 난해한 문제들에 뛰어들어야 한다는 강연 내용은 지금의 학생들에게도 들려주고 싶은 말이다.

청년 이림학이 미군정 시절에 남대문 시장에서 우연히 구한 수학잡지에 실린 수학자 막스 초른(Max Zorn)의 논문을 읽고 그가 제기한 문제를 풀었다는 것은 지금도 한국 수학계의 전설로 회자된다. 당시 그는 투고 절차도 몰랐고 그런 생각도 안 했기 때문에, 초른에게 편지를 보내서 자기가 그의 문제를 풀었다고 알렸다. 학문적 윤리의식이 분명했던 초른이 이걸 정리해서 이림학이라는 저자명으로 저널에 투고해서 한국인 최초로 국제저널에 게재된 수학 논문이 탄생한 것이다. 이림학 교수의 천재성이나 초른의 학자로서의 윤리성 모두 대단하다는 생각이 든다.

튜링의 일생에서 가장 중요했던 한 가지를 든다면, 아마도 생명현상에 대한 끝없는 호기심일 것이다. 기계가 인간의 사고를 흉내 낼 수 있을까라는 질문에 답하기 위해, 아직 컴퓨터라는 게 없던 시절에, 이미 튜링 머신이라는 개념으로 컴퓨터를 수학적으로 정의했다. 그 기저에는 인간의 뇌에 대한 관심이 깔려 있었다. 독일군의 에니그마 암호를 깬 것이 인공지능과 무슨 관련이 있을까? 튜링은 암호를 깨는 수학적 방식을 만든 뒤에, 그 사고의 과정을 수행하는 기계를 만들어서 깼다. 이 기계는 인간의 사고를 모방하는 게임, 즉 이미테이션 게임을 수행한 것이다. 튜링의 정의에 의하면 생각하는 기계였던 것이다.

점무늬를 가진 치타

줄무늬를 가진 얼룩말

튜링은 생명현상의 모든 영역에 지적 호기심이 커서, 말년에는 동물 표피의 무늬에도 관심을 기울였다. 치타는 점무늬를 가지고 있는데, 얼룩말은 줄무늬를 가지고 있다. 코끼리처럼 무늬가 없는 경우도 있다. 왜 이런 차이가 생길까? 튜링은 미분방정식을 만들어서 동물 표피 무늬의 다양성을 일관되게 설명하는 데 성공했다.

산불이 난 걸 상상해보자. 바람이 분다면 산불을 확대시키겠지만, 소방 헬기가 뿌린 소화제는 이를 억제한다. 확산제와 억제제가 상호작용하며 싸운다. 산불이 진화된 뒤에 산을 보면 불에 그슬린 자국이 줄무늬를 이루고 있는 게 보인다. 이 상호작용을 미분방정식으로 표현하고 풀면 줄무늬가 나온다. 동물 표피의 색을 만드는 게 멜라닌 색소인데, 이 색소를 만들어내는 화학물질이 있고 또 이걸 억제하는 화학

물질이 있다. 산불 후의 그슬린 자국처럼, 태아시기에 이 두 화학물질의 상호작용으로 무늬가 생긴 것이다. 그 상호작용을 수학 방정식으로 표현하면, 하나의 방정식으로 모든 동물의 무늬를 설명할 수 있다. 이 방정식에 태아의 크기라거나 태아시기의 기간 같은 요소를 넣어주면 어떤 경우는 점무늬가 나오고 어떤 경우는 줄무늬가 나온다.

그럼 튜링 이전에는 동물 표피 무늬의 다양성을 설명하려는 시도가 없었을까? 전혀 다른 진화론의 관점이 있었다. 다윈이 약 150년 전에 소개한 자연선택은, 특정 유전자 집단 혹은 개별적 유전자들이 다른 유전자들에 비해 더 오래 생존하고 더 많이 번식하는 것을 말한다. 식물이든 동물이든 무리를 형성하는 계층의 특성이 있게 마련이다. 필연적으로 더 오래 살아남고 더 번식을 잘하는 계층이 살아남게 되고, 전체 무리에서의 그들의 비율이 커지게 된다. 적자생존이다. 치타의 점무늬가 몸을 숨겨주는 역할을 한다거나, 얼룩말의 줄무늬가 자기들끼리 확인하기 쉽게 해서 모여 다닐 수 있다거나 하는 등의 설명을 할 수 있다.

진화론은 생존의 필요에 따라 나타나는 결과를 거시적으로 설명하지만, 그러한 결과를 실제로 어떻게 구현해내는가는 수학이 설명한다고 볼 수 있다. "왜 치타의 태아 크기는 특정 사이즈인가?"라는 질문도 "점무늬를 만들기 위해서는 그런 태아 크기를 가져야 수학방정식에서 점무늬가 답으로 나오니까"라고 말할 수 있는 것이다. 수학과 생명과학의 융합이 시대의 새로운 흐름이 될 것이라고 한다. 이 천재는 시대의 변화를 미리 본 것이 틀림없다.

푸른들녘 인문·교양 시리즈

인문·교양의 다양한 주제들을 폭넓고 섬세하게 바라보는 〈푸른들녘 인문 교양〉 시리즈.
일상에서 만나는 다양한 주제들을 통해 사람의 이야기를 들여다본다. '앎이 녹아든 삶'을
지향하는 이 시리즈는 주변의 구체적인 사물과 현상에서 출발하여 문화·정치·경제·철
학·사회·예술·역사 등 다방면의 영역으로 생각을 확대할 수 있도록 구성되었다. 독특하
고 풍미 넘치는 인문 교양의 향연으로 여러분을 초대한다.

001 옷장에서 나온 인문학

이민정 지음 | 240쪽

옷장 속에는 우리가 미처 눈치 채지 못한 인문학과 사회학적 지식이 가득 들어 있다. 옷은 세계 곳곳에서 벌어지는 사건과 사람의 이야기를 담은 이 세상의 축소판이다. 패스트패션, 명품, 부르카, 모피 등등 다양한 옷을 통해 인문학을 만나자.

002 집에 들어온 인문학

서윤영 지음 | 248쪽

집은 사회의 흐름을 은밀하게 주도하는 보이지 않는 손이다. 단독주택과 아파트, 원룸과 고시원까지, 겉으로 드러나지 않는 집의 속사정을 꼼꼼히 들여다보면 어느덧 우리 옆에 와 있는 인문학의 세계에 성큼 들어서게 될 것이다.

003 책상을 떠난 철학

이현영 · 장기혁 · 신아연 지음 | 256쪽

철학은 거창한 게 아니다. 책을 통해서만 즐길 수 있는 박제된 사상도 아니다. 언제 어디서나 부딪힐 수 있는 다양한 고민에 질문을 던지고, 이에 대한 답을 스스로 찾아가는 과정이 바로 철학이다. 이 책은 그 여정에 함께할 믿음직한 나침반이다.

2015 세종우수도서

004 우리말 밭다리걸기

나윤정 · 김주동 지음 | 240쪽

우리말을 정확하게 사용하는 사람은 얼마나 될까? 이 책은 일상에서 실수하기 쉬운 잘못들을 꼭 집어내어 바른 쓰임과 연결해주고, 까다로운 어법과 맞춤법을 깨알 같은 재미로 분석해주는 대한민국 사람을 위한 교양 필독서다.

2014 한국출판문화산업진흥원 청소년 권장도서

005 내 친구 톨스토이

박홍규 지음 | 344쪽

톨스토이는 누구보다 삐딱한 반항아였고, 솔직하고 인간적이며 자유로웠던 사람이다. 자유·자연·자치의 삶을 온몸으로 추구했던 거인이다. 시대의 오류와 통념에 정면으로 맞선 반항아 톨스토이의 진짜 삶과 문학을 만나보자.

006 걸리버를 따라서, 스위프트를 찾아서

박홍규 지음 | 348쪽

인간과 문명 비판의 정수를 느끼고 싶다면 『걸리버 여행기』를 벗하라! 그러나 『걸리버 여행기』를 제대로 이해하고 싶다면 이 책을 읽어라! 18세기에 쓰인 『걸리버 여행기』가 21세기 오늘을 살아가는 우리에게 어떻게 적용되는지 따라가보자.

007 까칠한 정치, 우직한 법을 만나다

승지홍 지음 | 440쪽

법과 정치에 관련된 여러 내용들이 어떤 식으로 연결망을 이루는지, 일상과 어떻게 관계를 맺고 있는지 알려주는 교양서! 정치 기사와 뉴스가 쉽게 이해되고, 법정 드라마 감상이 만만해지는 인문 교양 지식의 종합선물세트!

008/009 청년을 위한 세계사 강의1,2

모지현 지음 | 각 권 450쪽 내외

역사는 인류가 지금까지 움직여온 법칙을 보여주고 흘러갈 방향을 예측하게 해주는 지혜의 보고(寶庫)다. 인류 문명의 시원 서아시아에서 시작하여 분쟁 지역 현대 서아시아로 돌아오는 신개념 한 바퀴 세계사를 읽는다.

010 망치를 든 철학자 니체
vs. 불꽃을 품은 철학자 포이어바흐

강대석 지음 | 184쪽

유물론의 아버지 포이어바흐와 실존주의 선구자 니체가 한 판 붙는다면? 박제된 세상을 겨냥한 철학자들의 돌직구와 섹시한 그들의 뇌구조 커밍아웃! 무릉도원의 실제 무대인 중국 장가계에서 펼쳐지는 세기의 철학 공개 토론에 참석해보자!

011 맨 처음 성性 인문학

박홍규 · 최재목 · 김경천 지음 | 328쪽

대학에서 인문학을 가르치는 교수와 현장에서 청소년 성 문제
를 다루었던 변호사가 한마음으로 집필한 책. 동서양 사상사와
법률 이야기를 바탕으로 누구나 알지만 아무도 몰랐던 성 이야
기를 흥미롭게 풀어낸 독보적인 책이다.

012 가거라 용감하게, 아들아!

박홍규 지음 | 384쪽

지식인의 초상 루쉰의 삶과 문학을 깊이 파보는 책. 문학 교과
서에 소개된 루쉰, 중국사에 등장하는 루쉰의 모습은 반쪽에
불과하다. 지식인 루쉰의 삶과 작품을 온전히 이해하고 싶다면
이 책을 먼저 읽어라!!

013 태초에 행동이 있었다

박홍규 지음 | 400쪽

인생아 내가 간다, 길을 비켜라! 각자의 운명은 스스로 개척하
는 것! 근대 소설의 효시, 머뭇거리는 청춘에게 거울이 되어줄
유쾌한 고전, 흔들리는 사회에 명쾌한 방향을 제시해줄 지혜로
운 키잡이 세르반테스의 『돈키호테』를 함께 읽는다!

014 세상과 통하는 철학

이현영 · 장기혁 · 신아연 지음 | 256쪽

요즘 우리나라를 '헬 조선'이라 일컫고 청년들을 'N포 세대'라 부르는데, 어떻게 살아야 되는 걸까? 과학 기술이 발달하면 우리는 정말 더 행복한 삶을 살 수 있을까? 가장 실용적인 학문인 철학에 다가서는 즐거운 여정에 참여해보자.

015 명언 철학사

강대석 지음 | 400쪽

21세기를 살아갈 청년들이 반드시 읽어야 할 교양 철학사. 철학 고수가 엄선한 사상가 62명의 명언을 통해 서양 철학사의 흐름과 논점, 쟁점을 한눈에 꿰뚫어본다. 철학 및 인문학 초보자들에게 흥미롭고 유용한 인문학 나침반이 될 것이다.

016 청와대는 건물 이름이 아니다

정승원 지음 | 272쪽

재미와 쓸모를 동시에 잡은 기호학 입문서. 언어로 대표되는 기호는 직접적인 의미 외에 비유적이고 간접적인 의미를 내포한다. 따라서 기호가 사용되는 현상의 숨은 뜻과 상징성, 진의를 이해하려면 일상적으로 통용되는 기호의 참뜻을 알아야 한다.